财富小管家，还是败家小怪物？

七个好习惯 高财商儿童养成记

[美] 桑妮·李（Sunny Lee）◎ 著　　王丽华 ◎ 译

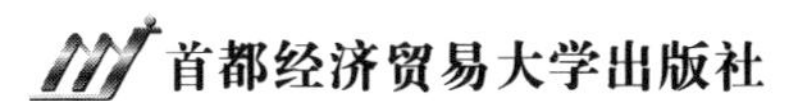

首都经济贸易大学出版社
Capital University of Economics and Business Press
·北 京·

图书在版编目（CIP）数据

财富小管家，还是败家小怪物?：七个好习惯：高财商儿童养成记/［美］桑妮·李（Sunny Lee）著；王丽华译. -- 北京：首都经济贸易大学出版社，2019.6

ISBN 978 7 5638 2943 9

Ⅰ. ①财… Ⅱ. ①桑… ②王… Ⅲ. ①财务管理—儿童读物 Ⅳ. ①TS976.15-49

中国版本图书馆 CIP 数据核字（2019）第 097476 号

IS YOUR CHILD A MONEY MASTER OR A MONEY MONSTER?

Seven Habits of Highly Motivated Kids for Financial Success

根据 Twin Sprouts Publishing 2016 年版翻译

著作权合同登记号

图字 01-2018-3630

财富小管家，还是败家小怪物? 七个好习惯 高财商儿童养成记

［美］桑妮·李（Sunny Lee）著 王丽华 译

责任编辑 浩 南
封面设计 米歇尔·曼利（Michelle Manley）
出版发行 首都经济贸易大学出版社
地　　址 北京市朝阳区红庙（邮编 100026）
电　　话 （010）65976483 65065761 65071505（传真）
网　　址 http：//www.sjmcb.com
E-mail publish@cueb.edu.cn
经　　销 全国新华书店
照　　排 北京砚祥志远激光照排技术有限公司
印　　刷 唐山玺诚印务有限公司
开　　本 880 毫米×1230 毫米 1/32
字　　数 118 千字
印　　张 4.625
版　　次 2019 年 6 月第 1 版 2022 年 7 月第 1 版第 7 次印刷
书　　号 ISBN 978-7-5638-2943-9
定　　价 35.00 元

编者的话

当王丽华女士拿着她的翻译稿来找我的时候，我不确定这样的书是否有出版价值。但是，在跟译者充分沟通并读完译稿之后，我的顾虑彻底打消了。

做父母的都知道，在这个物质丰富的年代，让孩子学会珍惜、懂得感恩是何等不易。然而，作者桑妮做到了。她通过制订有递进关系的计划，培养孩子养成七个理财习惯，让孩子学会赚钱、存钱并管理钱。让她惊喜的是，在学习这些基本的理财知识和技能的同时，她的双胞胎儿子杰森和马修有了更多的收获。他们变得越来越能替他人着想，知道用自己“挣”来的钱给家人买礼物！她也看到两个儿子学会了自律，自律到能够抗拒玩具的巨大诱惑——这是多么珍贵的品格！我想，这正是桑妮感到自豪和骄傲的地方，也正是这本书的精华所在！

作为一个同样有两个孩子的职场妈妈，我惊叹于桑妮的完美计划！她的执行力更让我折服！不过，正如桑妮在书中所说，“每个家庭的情况不同”，培养孩子的财商，照本宣科是不现实的。也许我们很难按图索骥，像桑妮一样执行这些计划，然而，哪怕只是从她的书中受到一点点启发，哪怕只是执行了其中某一个计划，我想，也远比什么都不做强多了！

为了让孩子在将来拥有更多选择的权利，需要为人父母的多付出一点心血和努力，而不是不负责任地把孩子推到“散养”的境地。

“我们每日重复做的事，决定了我们成为怎样的人。”对此，我也深表赞同。

彭　芳

2019 年 5 月

译者的话

2017 年 6 月 10 日，在华盛顿至北京的飞机上，我用连续七个小时一口气读完了 *Is Your Child A Money Master Or A Money Monster?：Seven Habits of Highly Motivated Kids for Financial Success* 这本书。作者桑妮·李（Sunny Lee）培养孩子的理念和做法，她的两个儿子杰森和马修的成长和表现，让我由衷赞叹。合上书后，我激动的心情久久不能平复，迫不及待地想把这本好书推荐给我的姐姐、我的好朋友、我的同事、我的客户以及我认识的每一位做母亲的人，因为这本书不仅仅有助于培养儿童财商，也是培养孩子自尊、自信、自律、感恩的操作指南。可是我周围能读懂英文版的人太少了，于是我脑子里冒出一个念头——把它翻译成中文。飞机落地之后，顾不得旅途的疲惫，我马上发邮件给桑妮咨商翻译事宜。桑妮恰巧正在考虑把书翻译成中文版，于是，我俩一拍即合。

我研究生阶段所学专业是英语翻译，毕业后也做了几年翻译工作，但终因与我所从事的工作关系不大而未能继续。

翻译这本书，我觉得有价值，中文版能让更多人受益，耗时费力都值得，于是毅然“重操旧业”！从桑妮 2017 年 7 月 2 日飞到北京与我面谈，到中文版最后印刷成册，历时近两年。在翻译过程中，我曾因为工作忙，不能保证翻译进度而焦虑沮丧。然而一想到中文版能让更多人受益，便坚持了下来。如果你愿意花一点时间读完这本书，我相信你一定会有启发、有收获；如果你愿意借鉴桑妮的方法，对孩子进行财商教育启蒙，相信对孩子一生都大有裨益。

感谢作者桑妮的信任，感谢西悉尼大学董怡老师的校译，感谢首都经济贸易大学出版社的专业团队，感谢所有在这本书的翻译、出版过程中给予我支持和帮助的朋友们！

王丽华

2019 年 4 月

读者反馈

从孩子出生之日起，父母就应该为他/她的未来做规划。如果你想帮助你的孩子成长，让孩子意识到价值、教育和理想对人生的重要意义，请读完桑妮的书！

——艾瑞克·L. 麦凯恩

百万圆桌会议（MDRT）* 会员，著有 *Ladies with Loot*

把孩子培养成有责任心、独立、幸福的人是父母们的头等大事。如果父母可以不断提升自己，并用恰当的方法培养孩子，那么父母和孩子都会得到快乐。我一定会把这本书推荐给我的孩子，因为他们学习到培养孩子的好方法后，就能惠及我的孙子们。我之所以如此看重这本书，是因为我相信它不仅能帮助一个人获得财务安全，还能给他的人生以积极的影响。家长自己先学习，然后用所学来教育孩子，这个过程需要投入大量的时间和精力，很多人不愿意费这些功夫。但是如果你愿意投入时间和精力去学习、去教育孩子，你一定会得到非常丰厚的回报。

——威廉姆·凯恩

金融独立集团（Financial Independence Group）首席执行官（CEO）

---

* 百万圆桌会议（MDRT）是全球寿险精英的最高盛会，成立于1927年。它的宗旨是提高会员的专业技能、服务品质、职业道德以及生活品质。

首先，感谢上帝帮我完成这本书。

其次，感谢我的两个儿子——杰森和马修带给我创作的灵感。

我亲爱的儿子们，这本书是妈妈送给你们的礼物，你们无法想象妈妈有多爱你们。

感谢我的邻居文斯先生和凯利女士，谢谢你们鼓励我、激励我将这本书整理出版。

最后，谢谢我的欧巴——我亲爱的丈夫汤姆斯！

今日点滴造就明日人生。

——桑妮·李

你爱我的时候，我就是完美的。
我爱你的时候，你就是完美的，
爱让一切都变得完美。

——杰森·J. 李（儿子，四岁）

写作背景

桑妮·李（Sunny Lee）是一名职业理财顾问。她与家人生活在美国加利福尼亚州南部，有一对双胞胎儿子。她想让两个儿子成长为财富小管家，而不是败家小怪物！

从儿子两岁开始，桑妮就开始对他们进行财富教育。为此，她发明了一套奖励体系，如果儿子态度积极，任务完成出色，就能得到妈妈的奖励。随着儿子慢慢长大，桑妮对儿子的期待也在提升。两个儿子 11 岁的时候就已经拥有了自己的储蓄账户、投资账户和大学基金账户——这些账户，都是在妈妈的帮助下，由两个孩子自己设立、自己管理的。

桑妮发明的系统让全家的生活变得轻松。她使用这个系统来教育两个儿子，取得了很好的效果。从早上起床、洗漱、上学、做家务到提高写作能力，从学习税收知识、为大学存学费到学会分享，他们都可以轻松应对！

如果你能够根据这本书的指导，循序渐进地培养孩子的理财意识和能力，你的孩子也会成为财富小管家！

前　言

孩子的聪明智慧，远远超出我们的想象。他们观察周围人的言行举止，然后像海绵吸水一样吸收知识。作为父母，我们是孩子获取知识、学习为人处事的第一任老师。我们教孩子自然知识，教孩子保护自己，教孩子骑自行车，教孩子与他人相处，期待孩子成为最好的自己。我们教会孩子掌握各种生活技能，期待孩子成为生活的主人。

可是，有多少父母会有意识地从小培养孩子的财商，培养孩子的理财能力呢？我的父母教会我很多东西，却从未教我如何对待钱，如何管理钱，如何管理个人财务。

如果一个人想过安全、舒适的生活，金钱是必不可少的。但是大多数人都没学过如何赚钱、存钱和花钱。更糟糕的是，因为缺乏正确的金钱观，缺乏理财技能，他们无法获得足够的经济能力去享受给别人提供帮助的乐趣。

教会孩子正确使用金钱，用金钱创造美好生活其实并不难。孩子很小的时候，父母就可以开始培养孩子理财的意识和能力。这个时间，比孩子第一次申请奖学金或者买第一辆车要早十几年。

我的职业是理财顾问，为客户提供理财投资咨询服务是我的工作。我的客户，有的已经拥有足够多的财富，有的还在努力创造财富。那些来找我咨询的客户都学会了如何真正掌握自己的财富。其实，学习财富管理只需三步：转变态度、改变消费习惯、学习财富管理的技能。

我也是一个幸福的母亲，有一对双胞胎儿子——杰森和马修。我一直坚信，让他们了解财务安全的重要性非常必要。所以，在杰森和马修两岁的时候，我就给他们解释钱的价值——怎么赚到钱，有钱以后该如何管理和使用。

如果一个人没有学会做金钱的主人，就有可能沦为金钱的奴隶。如果你不学会掌控金钱、管理财富，金钱就有可能变成你生活中的恶魔，并在你无意识的消费行为中一点点流走。更可悲的是，因为缺钱，当各种账单扑面而来的时候，你不得不卑躬屈膝，请求将还款期限宽限再宽限。你的生活就是每天凑钱付账单，拼命工作应付各种账单，毫无乐趣可言。

如果父母能教会孩子正确地对待金钱，这样不幸的场景就不会出现在孩子的生活中。将来，无论孩子处在哪个年龄阶段、社会阶层，都能够轻松掌控自己的财务。父母给孩子基本的财商教育，让孩子有能力掌控自己的钱，这对孩子未来的成功至关重要。所有的父母都希望孩子成长为财富小管家，而不是沦为败家小怪物。

不管是对孩子还是对父母，学习理财都是非常有趣的事。其实，学习本应有趣，对于孩子来说尤应如此。因为我重视培养孩子正确的金钱观，我们全家的生活都变得更轻松了。更可贵的是，他们在这些学习中取得了成功的经验，都爱上了财富管理！

可是，怎样才能让孩子明白关于钱的基本概念并帮助孩子树立正确的金钱观呢？

在这本书里，我将跟大家分享七个简单的习惯。通过培养这七个习惯，我把孩子们培养成了财富小管家。现在他们不再伸手向我要钱，因为他们早就学会了如何赚钱、存钱、与别人分享自己的劳动所得，以及合理支配自己的钱。

你应该听过这句话："授之以鱼，不如授之以渔。"学会如何管理金钱——让金钱为你服务——就像学会了捕鱼，想吃鱼的时候随时可以自己捕来吃。教孩子学会管理金钱，不仅能确保孩子一生"有鱼吃"，而且能确保孩子一生富足。

赚很多钱，拥有大量财富固然重要，然而，那种不惜一切代价去赚钱，不付出努力就想赚钱的想法，反而会催生拜金怪物。为了钱，他们什么都做得出来，哪怕是使用极端、冷血的手段，比如乞讨、偷盗。只要能赚钱，他们可能会使用欺骗、恐吓甚至杀人等手段，而不是采用合理、合法的方法。所以，从小就要培养孩子健康的金钱观。

有人说：钱买不来幸福。如果父母不要求孩子付出任何努力，就把钱直接给孩子，任由孩子随意支配，结果常常是把孩子养成了败家小怪物。豪门子弟挥霍无度的故事常常登上娱乐新闻的头条，大大提升了报纸的销量。数据显示，在美国，有钱人家的孩子患抑郁症的比例是全国平均水平的两倍……

哥伦比亚大学教育学和心理学教授苏尼亚·卢塔尔指出，之所以出现这种状况，是因为有钱的父母无法给予孩子高质量的陪伴，所以经常送孩子价值不菲的礼物来替代。孩子出了事，父母不是让孩子自己面对，从中吸取教训，而是用钱解决问题。这种有钱家庭的孩子很容易沾染毒品，甚至堕落到诈骗、盗窃的地步。

出现这个问题，最常见的原因是缺乏财商教育。无论父母来自哪个阶层，都应该对这个问题负责——因为孩子无须付出努力，就得到了钱，也根本不知道钱从哪里来，怎样赚钱，更不懂得如何合理分配，一拿到钱就消费（几乎是马上就花光）。本书将让你明白，关于财商教育的老方法已经过时，新方法就在这本书里。想象一下这个美好的场景——你的孩子不再向你伸手要钱，因为他自己有钱啦！

某些超级富豪已经给大家做出表率：努力工作，简单生活，正确引导孩子，让他们知道钱的价值。股神沃伦·巴菲特一直住在他 1958 年购买的房子里。他让两个儿子自己去赚钱，通过这种方式让他们懂得钱的价值，然后鼓励儿子赚更多的钱。巴菲特的儿子皮特主张让孩子从小学习做家务，学会自己解决问题。父母永远是孩子的榜样——如果父母不断地积累，不断强大自己，孩子就会模仿父母的做法，也会通过不断地积累强大自己。

巴菲特的态度代表了一部分富豪父母的态度。这样的父母不会让钱代替自己参与孩子的人生。正因为他们保持这样的价值观，他们的孩子才能取得今天的成就。

现在，便是你教孩子使用个人理财工具的绝佳时机。学会使用这些工具，孩子不仅能掌控自己的钱，也能掌控自己的人生。

钱不是一切罪恶的根源——对钱的痴迷才是一切罪恶的根源。如果一个人为了生存，不择手段去赚钱，他极有可能陷入混乱与绝望，变成拜金怪物。而他的性格也会因此改变：有钱的时候很放松，觉得一切尽在掌握中；一旦没钱，就陷入恐慌和挫败。

学习任何技能都需要坚持和投入，学习财富管理也不例外。孩子养成良好的理财习惯后，还会养成更多的好习惯。而这些好习惯能给孩子创造丰富、有成就的人生。

通过这本书，我会教你一种简单而有趣的系统来培养孩子的理财习惯。通过这个系统，我已经成功地培养了两个儿子的理财习惯。事实证明，这个系统非常有效。如果你掌握这个系统，你就能培养出自律的孩子，培养出财富小管家，让孩子为自己感到骄傲。

如何区分财富小管家和败家小怪物

读完这本书，你将学会如何教孩子获得财务独立和自立——成为财富小管家，而不是沦为败家小怪物，依靠别人施舍。下面，让我们快速对这两者进行区分。

败家小怪物到处都是，不难识别。缺乏知识，缺乏经验，缺乏技能是造成败家小怪物的原因。无论贫富，各种经济状况的家庭都可能养出败家小怪物。败家小怪物最常见于孩子，而父母就是怪物制造者。这些孩子不付出努力，天天闹着让父母给买这买那，或是带他们去这儿玩去那儿玩。他们不知道钱从哪儿来，挣这些钱需要多长时间，也不知道为了挣钱父母付出多少。败家小怪物不断索取，而他们的父母不断退让，不断满足他们的各种无理要求。

不管出身富足还是贫穷，败家小怪物都不懂得钱的价值，更不懂得自己赚钱的价值。这样的成长环境，让他们长大成人之后也不关心别人，不懂得感恩，只知道挥霍，不知道存钱，还总是花冤枉钱。

有钱人家的败家小怪物，因为有家里的经济支持，没有负担，他们只是失去了自我发展的机会。但是穷人家的小怪物得不到家里的经济支持，疲于应付接踵而来的账单，任由生活摆布。

哪有父母会希望孩子活成这样呢？

而财富小管家懂得如何赚钱，如何存钱，如何投资，如何获得财务安全，有足够的钱照顾自己，直到终老。家长可以从孩子年纪小、学习意愿强烈的时候就开始着手培养孩子正确的金钱观和理财观，把孩子培养成财富小管家。

财富小管家不仅知道如何赚钱，还知道如何理财，让钱为自己工作。长大之后，他们也一直都有足够的钱，不管是自己当老板，还是给别人打工，都有一个理财系统来帮自己管理账单，让自己可以享受生活，存够学费以及可以安心养老的退休金。

然而这种技能不是与生俱来的，而是通过后天培养获得的。跟学习大多数技能一样，从小开始学，就会养成受益终身的好习惯。亚里士多德说："我们每日重复做的事，决定了我们成为怎样的人。"所谓卓越，并非一种行为，而是一种习惯。

学习理财，首先要理解银行系统的运作，学会辨别隐藏的消费，如各种税。还有一件事也很重要，那就是亲自去市场体验交易和消费。

如果孩子从小树立了正确的金钱观，养成了良好的理财习惯，成年之后，他们既有能力赚钱，又有管理财富的智慧，就会成为财富的主人。财富的主人生活富足，事业蓬勃发展，不会生活困顿，艰难度日。

哪有父母不希望孩子活成这样呢？

目　录

第一章　健康理财习惯之一——培养财富管家的思维模式

钱是赚来的，不是别人施舍来的。大多数成年人都懂得这个道理，但是大多数孩子并不懂。为什么呢？因为小时候没学过，长大以后初入社会，经历了财务的混乱后，才慢慢明白关于钱的基本原理，却到了财务风险高、投资难获得回报的时候了。很多成年人不知道的是——掌控财富始于思想改变。

生活中，孩子总是关注身边最亲近的人，如父母。父母的言行潜移默化地影响着孩子的思想和习惯。所以，父母跟孩子谈到与钱相关的话题时，要注意正向引导，尽量给孩子提供有价值的信息。如果孩子听到周围人谈到钱的时候，常常带有负面的情绪，孩子对钱就会有负面的看法。一旦有负面的看法，就很难养良好的理财习惯。比如，有的父母经常对孩子说：

☆“金钱是万恶之源。”

☆“我们没有足够的钱。”

☆“有钱的都是坏人，他们通过欺骗牟利，占好人的便宜。”

☆“我们永远都不会变成有钱人的。”

☆“发财是要靠运气的。”

☆“世界上没有足够的钱让每个人都富有。”

——诸如此类。

我们的思想决定我们的言行，我们的言行决定我们成为什么样的人。父母的思想影响孩子的思想，孩子的思想决定了自己未来的样子。正如穆罕默德·甘地所说：“你的思想决定你的言语，你的言语决定你的行为，你的行为决定你的价值观，你的价值观决定你的命运。”因此，培养孩子积极、健康的金钱观至关重要。

父母要尽早跟孩子开展与钱相关的话题——即便两岁的孩子，多少也能听懂一些。积极的金钱观是基础，有助于孩子养成好的理财习惯，而好的理财习惯有助于孩子成为财富小管家。

有时候，父母，特别是穷人家长大的父母，比如说我和我的丈夫，需要先重塑自己的金钱观，再去培养孩子的金钱观。

早在我两个儿子两岁的时候，他们就知道关于金钱的五条基本原理，一有合适的机会，我就会一遍遍地重复这五条基本原理给他们听，内容如下。

1. 钱是一种工具，一种让生活变得舒适、有趣的工具

永远不要把金钱看得太重要，不要为了金钱而不择手段。有很多钱是一种幸福，因为钱不仅让我们有能力帮到我们自己和家人，同时也会让我们有能力与他人分享快乐。通过分享，让别人的生活也发生变化。我跟两个儿子讲如何用钱来买食物，给汽车加油，为家人买房子，全家一起旅行庆祝生日。这些具体事例让他们看清楚有钱和日常生活的关系。

我曾在一家非营利组织做志愿者，给从小学到高中各个年龄段的学生上理财知识课程。这些学生大多在洛杉矶城区和郊区的学校上学。一天，我给一群小学生上理财知识课程的第一课——“钱是什么，如何赚钱”。一个学生站起来说：“钱就是一切，赚钱是人生最主要的目的。活着就是为了赚钱。只要能成为有钱人，我什么都愿意干！”

我特别吃惊，吃惊他的小脑袋里居然有这样的想法，于是我问他：“你说为了成为有钱人，你什么都愿意干，你的意思是？”

他说：“我的意思是我不介意做某些事，比如说坏事。”

他的回答让我感到不安，于是我又问：“这些是谁教你的呢？你的这些想法从哪儿来的呢？”开始，我以为也许是他看了太多电影或是电视剧，是那些东西给了他负面的影响。

然而，他的回答是：“是我妈妈教我的。妈妈说我应该赚很多钱养家，只要能赚到钱，干什么都行，只要我不受到伤害就可以。”

班上有些同学立即为他欢呼，但是他的态度让我深深地担忧。我可以预见，如果这个男孩不改变对钱和赚钱的态度，不学习赚钱的正确技能和方法，他的想法恐怕将改变他的生命轨迹。

一个刚刚上小学的孩子，因为妈妈迫切需要钱养家糊口而受到影响，形成这样的金钱观。妈妈教他只要能活下去，可以不择手段；妈妈教他把钱当作最重要的东西——即使不择手段的赚钱方式会毁灭他的未来。不过他很幸运，他还有机会学习——学习如何用正确的方法赚钱，如何存钱，如何在保障自己和家人安全的前提下，通过正当的方法积累财富。当他学会正确的方法后，就能用安全的方法赚钱养家了。

2. 这世界上有足够的钱给所有人

这世界上有足够的钱！我告诉两个儿子，上帝在创造这个世界的时候，他创造的一切，包括钱在内，都是足够的。一个人，无论他处在哪一个社会阶层，来自哪一个民族，有什么样的信仰，住在什么样的房子里，只要他有足够的智慧，足够努力，不管是为自己工作，还是为别人打工，都可以赚到足够的钱。截至 2015 年，全世界有约 70 亿人口，而世界上的财富为 60 万亿。那是好多好多钱啊！有人会说："可是大部分的财富都掌握在少数人手中。"这种对钱的认知源于匮乏感，而不是源于富足感。如果我们学会驯服内心的败家怪物，我们就会变得富足，拥有足够的钱，成为财富管家。

3. 钱是好东西，非常有用的东西

有钱、有很多钱是一件好事——我特别想把这个观念深深印刻在两个儿子的大脑中。《圣经》上说，钱不是罪恶的根源，对钱的痴迷才是罪恶的根源。我是专业的理财顾问，我认识很多富豪，他们都非常乐于付出和分享。

金钱的好坏，取决于掌握金钱的人。我常常举这样一个例子：给大厨一把刀，他能做出可口的饭菜；给外科医生一把刀，他能治病救人。但是，如果给罪犯一把刀，他可能会刺伤别人；而给孩子一把刀，他很可能会伤到自己。金钱本身没有好坏，是掌握金钱的人决定它是好是坏。

4. 如果你能为他人创造价值，你就能成为掌握财富的人

我常常带着两个儿子听吉米·罗恩的财富励志演讲。在一次讲座中，吉米·罗恩说道："因为我们带给市场价值，所以我们能赚到钱，这是一个过程，需要时间。是我们创造的价值给我们带来钱，而不是时间。"听得多了，两个儿子经常模仿吉米说这段话，然后在那里哈哈大笑。笑归笑，我知道他们听进去、听明白了。

根据吉米·罗恩价值创造财富的逻辑，我给两个儿子解释：如果能为更多人创造更多价值，我们就能赚到更多钱。反之，创造的价值少，赚的钱就少。我们不是通过伤害别人赚钱，而是通过帮助别人获得生活所需而赚钱。

5. 与人分享

刚开始跟孩子们谈到与人分享的时候，他们很难接受这样的理念，特别是如果孩子不曾看过父母与别人分享，他们就很难接受与人分享的理念。有些父母不明白，在与他人分享后，分享者本人会有很大收获。但事实是，只有父母慷慨且富有同情心，孩子才容易理解和接受分享的价值。

我非常感谢我的丈夫汤姆斯，他友爱又乐善好施。在日常生活中，他教会了两个儿子如何分享。记得一个盛夏的午后，我们一家走在街上，看见一个年轻的孕妇坐在商场门前乞讨。她穿得又脏又破，看上去又累又饿。人们从她身边走过，有的人连看都不看她一眼，有的人看她一眼便走过去了。

汤姆斯一看见她，便走到她身边，停下脚步，问道："姑娘，你饿不饿?"两个儿子一左一右牵着爸爸的手，听到爸爸问这句话，他俩都睁大了双眼。

那姑娘一脸倦容，说："我好饿。"听到这句话后，汤姆斯带着两个儿子走进商场的比萨店，买了一个双拼比萨和一杯饮料。当汤姆斯把比萨和饮料递给那个姑娘的时候，她先是很吃惊，反应过来之后，她马上对汤姆斯表示感谢。

我站在一边，目睹了整个过程。后来，我笑着问汤姆斯："你为什么给她买吃的而不是直接给她钱呢？"汤姆斯说："我能确定她饿了，需要吃东西。但是我不能确定那个时候给她钱，是不是可以帮到她。因为她很可能会把钱花在不该花的地方，伤害到她和肚子里的孩子。"杰森和马修听了爸爸说的这些话，都为爸爸感到骄傲——我当然也为我的丈夫骄傲。

如果我们自己都很穷，就没有经济能力为别人提供服务，创造价值。如果一个人穷到不能养活自己的时候，就会成为家人、社区，甚至是这个世界的负担。

然而，有些人永远都不会有足够的钱，因为即便是赚到了足够生活的钱，钱也会像沙子一样，很快就从指缝溜走。如果没人教我们如何对待金钱，如何理财，那么（这一课的缺失）将会导致我们终生挣扎，在挣扎中失去体验给予别人帮助的机会——就像汤姆斯，在给那个年轻的姑娘买食物之后，他一定很有价值感。

不管我们走到哪里，总是免不了被快速致富、刺激消费的广告狂轰滥炸。广告总是刺激我们买更多、买最好、买最大、快快买。然而，大多数情况下，成功却不会来得很快，而是需要长期聚焦目标，日复一日，持续努力。成功源于自律、投入和聚焦目标。

对很多人来说，成功就是拥有很多钱。没钱就会导致没自尊，就觉得自己无用，开始仇富，仇恨那些奇迹般变得有钱的人——那些生活已经足够舒适安心，还有很多闲钱可以

“挥霍”的人。

一个自己能赚到钱，能掌控钱的人，也会更自信，自信到即便是为别人打工，也相信有能力把握自己的人生。每当你拿着钱，走出家门，走进银行或投资理财公司的大门，你就是财富的主人，你可以决定存多少钱，花多少钱。你可能不是亿万富翁，但是你知道挣钱、存钱、投资和理智消费会带来好的结果。学习投资理财，越早开始越好。

对物质的痴迷始于我们的思想和思维方式。正如甘地所说，我们的思想引导我们的习惯。确定最重要的事情，抱持坚信“金钱富足”的态度，感恩每一次机会让我们离目标更近。保持这样的思维方式，因为它是我们财富管理的第一个工具。

给孩子钱的时候，要告诉他：“钱是种子。如果你现在种下去，悉心照料，将来它就会长成参天大树。因为你是财富的主人，你可以做到！”如果家长坚持这样引导孩子，孩子会用积极的态度对待自己，对待钱——这就是成功人生的第一个部分。

贴心提示

我们的思想，是我们成就财富人生工具箱里的第一个工具。所以，父母要确保孩子建立对钱积极健康的第一印象。

第二章　健康理财习惯之二
——存钱要趁早

尽早播下存钱的种子

塞缪尔·斯迈尔斯曾经说过："播种思想，你就会收获行动；播种行动，你就会收获习惯；播种习惯，你就会收获性格；播种性格，你就会收获命运。"

当了妈妈之后，我开始对"种什么得什么"的说法感兴趣。我认为应该在两个儿子的童年就开始给他们灌输正确的思想，让经典的财富法则，比如"勤奋的灵魂会得到富裕的供养"，深深植入他们的大脑。

每当两个儿子来找我要钱，让我给他们买东西的时候，即便是他们两岁大的时候，我的回答总是："你们不能跟我要钱。想想能做点什么事儿赚到钱，然后拿着你自己赚到的钱，去买你们想要的东西。"

因此，为了帮两个儿子实现目标，我鼓励他们做一些力所能及的家务活——倒垃圾、扫落叶、浇花、叠衣服……虽然他们只有两三岁，但即便是两三岁的孩子，也能浇浇花，整理自己的袜子。我并不指望他们做得完美，只希望他们积极认真，尽自己最大的努力去做。

为了帮助两个儿子深刻理解通过劳动赚钱这件事，我为他们俩买了一个陶瓷的奶牛存钱罐，作为他们人生的第一家“银行”。每次做完家务，我就给他们几枚硬币，并让他们投到存钱罐里。小孩子特别容易满足，特别爱听硬币掉进存钱罐的声音。与纸币相比，这个年龄的孩子更喜欢硬币。硬币有分量，方便他们抓在小手里把玩，玩够了，就投入存钱罐里。而且硬币沉甸甸的，也会增加赚钱这件事的分量和重要性。而薄薄的纸币无法给他们这种特别的感受。每个星期，两个儿子都会赚到一美金的硬币。每次他们把硬币投进存钱罐时候，我就在旁边数：“5 分、15 分、30 分、50 分……”他们都特别开心，特别有成就感，因为听起来有好多钱啊！

硬币叮叮当当进入他们的“银行”里，“奶牛”也越来越沉。两个儿子时常会把钱拿出来数一数，滚着玩儿，开心得哈哈大笑。我很喜欢听他们说起他们的“奶牛银行”和他们“自己的钱”。言谈间透着一股子兴奋和骄傲！

虽然年纪还小，两个孩子却都知道，想要赚到钱，就得把活儿干得漂亮，这让我很开心。在帮我做家务赚钱的过程中，杰森和马修收获的不仅仅是硬币，更重要的是他们的自信、自尊和自律在以一种虽然看不到，却更有效的方式慢慢提升。他们知道，端正态度，把活儿干漂亮会带来成就感和内驱力。他们也知道自己掌控自己的行为、人生重大决定和人生观的价值。而这正是我培养他们正确的金钱观，培养他们“富有”，做“财富的主人”的最深刻的意义所在。

存钱罐——财富小管家的第一家“银行”

过了些日子，我意识到陶瓷存钱罐有个小缺陷——孩子们看不到里面的东西。到了孩子们需要更认真地学习理财的时候，我给两个孩子一人准备了一个小小的、透明的存钱罐。因为这样才能最大程度上带给孩子们成就感。

这次，两个儿子选了两个不同的存钱罐——一个看起来像青蛙，另一个看起来像熊猫。这样更好，两人用不一样的存钱罐，各自往自己的存钱罐投钱的时候，会有更强烈的拥有感。

图 2－1　杰森和马修的青蛙和熊猫存钱罐

透明的存钱罐让孩子看得到里面的变化。每个人都想看到自己努力的结果，当你还是个孩子，还没有能力想象未来的时候，更是如此。所以当孩子清楚地看到硬币掉进存钱罐，堆积起来或滚落下去，他便慢慢明白了其中的因果关系——只要帮助妈妈做好家务活，他的“银行”就会慢慢变满。

家长们需要注意：这个存钱罐容量要小一点，因为小存钱罐很容易填满。一个星期过去了，又一个星期过去了，孩子们每天把赚到的钱放进存钱罐，看着硬币一天天变多，直到最后硬币填满了“青蛙”和“熊猫”的“脑袋”。每次谈到他们自己的“小银行”，孩子们都很开心，经常拿起存钱罐摇一摇，听一听硬币叮当的响声。每次感受硬币碰撞和“小银行”与日俱增的重量，孩子们都很有成就感。他们开始畅想、计划，计划用自己的钱做点什么事。钱一天天增多，给他们带来成就感，激励着他们一直帮我做家务。

作为父母，我们要言出必行，这一点非常重要。一定要记住，每次做出承诺，必须马上付诸行动。当我告诉孩子们，他们赚的钱很快就要塞满存钱罐了，他们就特别希望那一刻快一点到来，而这让他们有了更多做家务的动力。当硬币填满小小的存钱罐时，无论这些存钱罐是小猪、小青蛙、小熊猫还是小奶牛形状，都会给孩子留下深刻的印象。

最开始，硬币到了小动物的脚部，然后到了肚子的位置，接着到了脖子、下巴，最后到了头部。硬币差不多到小动物的耳朵时，我们就把它们带去了真正的银行。这个时候，父母一定要谨记，自己千万不要用孩子的钱，甚至连碰都不能碰。因为只有让孩子成为唯一有权处置这笔钱的人，孩子才会觉得自己对钱拥有完全的控制权。如果你越俎代庖，孩子看到其他人可以动他的钱，学习理财的积极性就会受到打击，也就很难养成储蓄的习惯。

装纸币的纸钱包

杰森和马修幼儿园毕业进入一年级之后，我便把零花钱从每个星期一美元涨到每个星期两美元。除了硬币外，我开始给他们纸币。通常，我们会把纸币卷起来，这样方便携带还不容易撕破。

现在，他们已经知道纸币和硬币一样有用，甚至更有用。有了纸币，就需要一个钱包来放零花钱。所以我先动手设计好样式，然后跟两个儿子一起动手制作纸钱包。

图 2－2 放纸币的存钱罐

为什么我会选择自己动手制作纸钱包呢？去商店买一个固然更快、更方便，但是这样我们可能会失去一次一起创造美好回忆的机会，而这个回忆可能陪伴孩子一生。孩子会永远记得跟爸爸或妈妈一起做的纸钱包，杰森和马修就是这样。可能你觉得纸钱包很容易破，那我告诉你，杰森和马修的第一个纸钱包用了整整四年！后来给他们做了新的纸钱包。再后来他们买了爸爸的同款钱包，当然是用他们自己赚来的钱买的。

那是一个周六的早上，我们围坐在桌旁，一起做第一个纸钱包。桌子上有白纸、剪刀、胶带。年龄大点的孩子完全可以自己做钱包。下面教大家世界上最简单的钱包制作方法：

第一，将纸裁成一个长方形，将长边沿棱对折一下，然后展开；

第二，纸中间出现一条折痕，沿折痕将纸的四个角沿折痕叠上去；

第三，把纸水平对折，这样两层纸可以让钱包结实，而且有两层可以放钱；

第四，把短边接口用胶带粘住，以免钱滑落；

第五，再做些装饰就可以啦！

小朋友们都喜欢动手做东西，尤其是自己需要的东西。杰森和马修非常喜欢做钱包，在整个制作过程中，他们都特别兴奋。钱包做好之后，他们分别给钱包赋予自己的特色：杰森用彩色蜡笔在钱包上画了宠物小精灵；而马修画了几个自己创作的卡通人物。

在两个孩子装饰钱包的时候，我告诉他们，赚到钱之后，先把10%交给上帝（什一税），剩下的90%分成两半，一半放在钱包里零花，另一半放到存钱罐里，存起来做大学基金。开始，我尽可能把规则制定得简单、易懂，让他们能理解。后来，我慢慢采用稍微复杂一点的分配方法。杰森和马修都爱打篮球，当我告诉他们普林斯顿大学的篮球队特别棒之后，他们俩都想考普林斯顿大学。可以说，去普林斯顿大学打篮球的梦想激励他们把钱存下来。

“如果你们去哈佛、普林斯顿、耶鲁这样的名校上学，表现出色的话，就会拿到奖学金，学校甚至可能免去你们的学费，”我说，“那样的话，你们的大学基金就可以用在别的地方啦！”

“妈妈的意思是……像买车这样的事？”杰森问。

“或者是买任天堂游戏机？”马修咯咯地笑着问我，因为他知道在我眼里，买任天堂游戏机类的东西就是浪费钱。

他们一边装饰着钱包，一边跟我说说笑笑，大家开心极了。钱包做好后，他们从自己赚的钱中拿出可以零花的部分，自豪地放到崭新的钱包里。现在，他们终于像爸爸一样有了钱包，而且钱包里有钱！

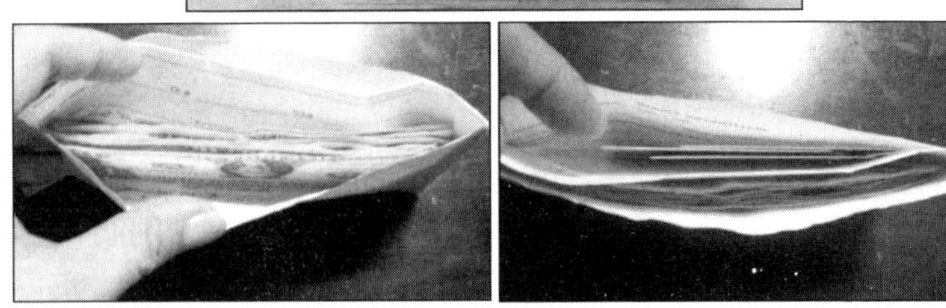

图 2－3　杰森和马修的纸钱包

曾经有人说，“生命的质量不在于呼吸的次数，而在于屏住呼吸的次数”。我深表同意。简简单单地陪着孩子们，一起装饰他们人生中的第一个钱包，和他们一起畅想这些钱花在哪里，就是生命中让我屏住呼吸的幸福时刻，也是生命中最可贵、最难忘的时刻！作为父母，我们都很清楚，这样的时刻转瞬即逝。等孩子们长大以后，他们会有真皮的钱包，钱包里装满各种信用卡。而我将永远记得，记得和孩子们围坐在餐桌旁，一起做他们人生中的第一个钱包，记得那时的欢笑与亲密，而孩子们也将永远珍藏这段记忆！

跟孩子们一起做钱包，给孩子们机会参与到与钱相关的事情中，可以激励他们学会自律，学会提前计划，也给他们机会体验成就感。虽然只有几个简单的步骤，孩子们也会感受到这是在为自己的未来做准备，会乐在其中。而教孩子们把钱分成什一税、大学基金和零花钱三个账户，他们就会知道管理自己的钱和平衡预算其实并不难。更重要的是，一旦孩子们确定他们可以管理自己的钱，就会受到激励，有动力做更多的家务，赚更多钱（或者积累更多积分，后面的章节会讲到这个部分）。

存钱罐的第一次银行之旅

孩子小的时候，父母是他们的第一任老师，是他们人生中最重要的榜样。我认为，父母的首要任务是帮助孩子做好迈向广阔的真实世界的准备工作。这虽是千里之行，却总是要从脚下的一小步开始，然后再一步一步向前走——在个人理财方面也是如此。

在杰森和马修有了存钱罐和纸钱包之后，他们开始习惯用存钱罐存钱，用钱包里的钱给自己和家人、朋友买东西，然后把存钱罐里的钱——硬币和纸币存到银行（直到现在，他们还在用自己的存钱罐。到目前为止他们已经各自存下了100美元的大学基金——这100美元将很快存入他们的银行账户）。存钱罐快满的时候，我告诉两个儿子“小银行”已经没有空间了，容不下更多硬币和纸币了，我们需要给钱换个地方，一个更安全的地方——银行。

有的父母认为，对于6岁或者不到6岁的小朋友来说，个人理财这么复杂的事情可能很难理解。请相信我，他们能理解。孩子远比我们想象的要聪明。开始，杰森和马修不理解为什么要把存钱罐里的钱存到另一个地方，一个他们不能天天看到自己的钱的地方。我是这么跟他们解释的：银行就是专门存钱的地方，钱放在银行是安全的；更重要的是，银行还会多给存钱的人一点钱，跟他的本金一起存在储蓄账户里。“银行额外给的钱叫作‘利息’，”我说，“利息是银行给我们的，就像是你家务活儿干得好，就能得到妈妈的奖金一样。”他们俩在知道钱放在银行可以变得更多后，就开始喜欢存钱了。

去存钱之前，我请两个孩子自己选银行，他们最后选了一家跟我和汤姆斯都没有业务往来的银行。他们称这家银行为“我们的银行”。最初几次去这家银行，我一边填存款单，一边给他们说明填写存款单的每一个步骤，他们在旁边看着我写，听着我说，默默学习。我们一起数好钱，他们看着我填好日期、账户，还有他们要存的金额。填完之后，两个孩子拿着存款单，抱起存钱罐走到银行柜台，办理存钱。

有些孩子看着钱存进了银行，存钱罐空了，心里会很难过。起初，杰森和马修也是一样。第一次存完钱后，他们连抱都不想抱那个空空的存钱罐了！杰森眼里含着泪，问我："妈妈，你不是说银行会多给我们钱，给利息的吗？可是我的存钱罐里怎么什么都没有啊？"

于是我拿出存单，指着存单上的数字给他们看，看上面写着哪天他们存了多少钱，目前的余额是多少。可是杰森还是不相信，所以我们一起返回，去找那个帮我们存钱的工作人员问清楚。

遇到这种情况，你可以与银行工作人员沟通，告诉银行工作人员你正在教孩子如何管钱、如何存钱，请他们帮你一起鼓励孩子存钱，培养孩子"现在就存钱"的习惯。

我向银行工作人员解释，说孩子们需要确认他们的钱并没有丢。银行工作人员态度特别好。她配合我的请求，拿出银行存款收据给孩子们看，存款收据的背面写着存款数额。为了让孩子们安心，她又补充说明道："你们的钱已经安全地存进你们的账户，很快你们就有利息了。别担心。"然后这位工作人员给了他们每人一颗棒棒糖。尽管他们当时还没有拿到利息，但是有了银行柜员的亲口保证，两个孩子的态度马上就变了。有的时候，孩子们不认识的权威人士的保证最管用。

除此之外，银行还给我们提供了免费的巧克力热饮。坐在银行的沙发上，喝着热巧克力，孩子们的小困惑很快就被巧克力的香甜融化了。

后来，我们定期光顾"他们的银行"。很快杰森和马修就学会了自己填写存款单。每次他们都会核对储蓄账户栏，填上日期、账号和存款金额，然后拿着存款单和钱去找银行柜员。我告诉他们，他们在个人理财方面，已经远远走在了同龄人的前面，因为大多数孩子还没有自己的账户，更别说自己填写存款单了。这让他们觉得自己长大了，感到非常自豪。

我们做的事情让银行的工作人员很吃惊，他们很欣赏我们的做法。毕竟，我们是在为银行培养终身客户啊！我也很感激这些工作人员，他们很热情，也很愿意配合我，非常支持我培养孩子从小就存钱的意识。他们不仅理解我的做法，还额外为孩子们做了很多事情。很多银行工作人员会夸奖杰森和马修："哇哦，你们真棒啊！这么小就会为自己的未来存钱，我真心为你们骄傲。等你们长大了，一定会特别成功，特别富有！"这些赞美，比任何事情都更能增强孩子们的自信心。

图 2－4　杰森和马修在银行外合影

每次去银行存钱，孩子们都想喝点东西，比如巧克力热饮。他们也想让我在那儿喝杯咖啡或是茶。他们认为存钱之后，就获得了喝免费饮料的特权。有一天，我们经过银行，去问一些有关他们账户的事情。杰森想像往常一样去喝一杯巧克力热饮，但马修阻止了他，说："杰森，今天不能喝。我们得先存钱，才有巧克力喝哦！”

杰森说：“你说得对，今天我们没存钱！”

听了哥俩的对话，我知道存钱这件事已经带给他们很多成长。不仅如此，他们还明白了银行存在的价值，了解了银行的工作，懂得了“储蓄当下，受益未来”的道理。那一刻，我为两个儿子感到骄傲！

每次从银行回到家，他们都想做更多家务，赚更多钱。现在，他们已经6岁，有能力承担难度更大的家务了。所以，他们开始给客厅吸尘、擦家具、浇花、修剪植物、清扫房间、刷盘子，也会在我做饭的时候帮忙。做这些事情，我都会给他们额外的奖励。

因为小哥俩想干更多事儿，赚更多钱，所以我又想出一个新计划——清晨内务奖励计划。后来，这个计划不仅成为他们增加收入的途径，也成为我们开始每一天的崭新方式。

生活就像钓鱼，不是吗？从一开始，我们就需要学会赖以生存的技能，创造自己想要的生活——“钓”到自己想要的“鱼”。通过清晨内务奖励计划，两个孩子都学会了“钓鱼”的本领，不再依赖我给他们“钓鱼”了。

贴心提示

为孩子准备两个有力的理财工具——存钱罐（“小银行”）和纸钱包。然后，带孩子去银行开个账户，这样孩子就可以在个人理财的海洋里遨游啦！

第三章　健康理财习惯之三
——建立提醒、重复和奖励机制

清晨内务奖励计划

在这个世界上，有多少父母有幸每天早上听到孩子喊：“妈妈、爸爸，起床啦，该起床啦!”我相信没多少。幸运的是，我就是这为数不多的幸运妈妈之一。

通常情况下，早上的家里都是另外一番景象，对吧?妈妈（或者爸爸）到孩子房间，用尽一切手段把他们叫醒。而孩子呢，赖在床上，哼哼唧唧，不想起床。为了能按时出门，按时到校，什么事都是做个半拉子——要么忘了刷牙，要么忘了带东西。一大早就又哭又喊，甚至来不及吃早餐。好不容易按时到学校，又因为没吃早餐，血糖很低，能量不足，无法集中精力听课。对父母和孩子来说，每天早上都是一场精神上的恶战，太累了!

一日之计在于晨。早晨是一天中最忙碌、最重要的时刻。父母需要保持满格能量，才不会被坏情绪影响。这一点，对包括我在内的职场妈妈来说尤为重要。紧张的日程安排根本不允许我们有空闲的时间照顾好孩子之后再回来做家务。那样的话，我们肯定会天天迟到！

一家人吵吵嚷嚷地开始新的一天，不仅没有效率，还失去了一天中最珍贵的亲子时间。如果爸爸、妈妈可以跟孩子一起吃个早餐，聊聊一天的计划，或是在孩子出门前说几句鼓励的话，则会让一整天变得与众不同。然而，令人难过的现实是，许多家长和孩子都在手忙脚乱中度过早晨的时光。

生命中没有一天可以重新来过。尽管你也清楚，你还要养育孩子很多年，但是当一年过去的时候，你还是会忍不住感叹："时间都去哪儿了？"如果我们不必每天早上和孩子们"战斗"，那么每一个与孩子们共度的早晨，都是珍贵的分享时刻。

几年前，我为自己和孩子们想出一个激励方案，一直沿用至今，到现在这个方案依然有效，在它的帮助下，每天早晨都是珍贵的分享时刻，而不是"战斗"！我没有想到几年之后的今天，两个孩子依旧喜欢这个激励方案。在我写这本书的过程中，他们已经上了中学，我们每天还在使用这个激励方案，因为它是一个双赢的解决方案。

当时，杰森和马修还在上幼儿园，即将进入小学。我觉得我需要制订一个方案，奖励他们在家里的出色表现，让全家人每天早上都过得从容、有品质。于是，"清晨内务奖励计划"应运而生。

正如前文提到的，我设计这个计划有两个目的：首先，我想尽可能在和谐、平静、有爱的气氛中与孩子们共度清晨时光；其次，我需要更多的方式激励孩子们，肯定他们，用合理的方式奖励他们的出色表现。

有一天，我邀请杰森和马修一起坐下来，向他们介绍了清晨内务奖励计划。我告诉他们，如果早上不用我提醒，也不用我说 Ppali Ppali（韩语“快点”），他们就能搞定所有事情，我就会给他们更多零用钱花。我刚说完，他们就问我：“清晨内务具体包括哪些呢，妈妈？”

“很简单，”我说，“就是你们每天早上要做的事情啊！”他俩看着我，一脸困惑。我解释道：“6：30 闹钟响了就起床，然后收拾床铺，穿好衣服，吃早餐，把午餐盒和水瓶放到书包里，去洗手间，诸如此类。”

杰森认真地听我说完后，问：“那么……如果我们把这些事情都做完，我们能拿到多少钱呢？”

“3 美元！”我给他们一个灿烂的笑容，特意把“3”说得很重。

“3……美元？”马修惊呼道，不敢相信自己的耳朵。

“是的！不仅如此，还有额外的奖励哦！所以，只要你们把这些事情都做好，就能轻轻松松赚到很多钱哦！”

这时候，他们相信了：“好的，妈妈，我们一言为定！”

给孩子制定的规则，一定要简单易懂，方便他们理解、执行。孩子不是机器人，当感受到关怀和爱的时候，他们乐意做任何事情，只要能让父母开心。注意，要用对话的方式让孩子知道，完成清晨内务他们可以赚到很多钱。如果直接给孩子下达命令，则收效甚微，甚至会引起他们的抵触情绪。在孩子小时候给他机会，让他去掌控生活中的某一个方面，长大以后他就能掌控自己的生活。拥有自主权的孩子在青春期能够把握自己。青春期的孩子很容易感受到来自同伴的压力，甚至做出错误的选择。

那天晚上，我们就清晨内务奖励计划达成了一致。然后我帮他们把衣服拿出来放到床边，大家就都上床睡觉了。

然而，计划实施的第一天早上，杰森和马修都没有按时醒来。6：30 闹钟响了，不知道他俩谁关了闹钟，又都睡过去了。我等到将近 7：00，看他们都没醒，就走进他俩的房间，在他俩耳边小声说："6：30 过了，还记得我们昨天说好的清—晨—内—务吗？"

一听到"清晨内务"这四个字，他俩像屁股下面装了弹簧一样，一下子弹坐起来，跳下床就开始忙活。收拾床铺、穿衣服、吃早餐、收拾书包、刷牙，差不多7：40，两个孩子准备好，可以出门去上学了。

这不是个完美的开始，但总算是个不错的开始。从那天起到现在，我们全家每个早上都过得轻松而从容。

清晨内务奖励表

第一个星期没有想象中那么顺利，但是两个孩子坚持了下来，并习惯了这个流程。为了记录后面四个星期的活动，我手绘了一张简单的清晨内务奖励表，并把它贴在了餐厅的墙上。

表格的内容包括：日期、名字、每日特项、完成的家务，以及完成时间。让孩子自己填表可以增强他们的参与感，也会让他们学会对自己负责任。把奖励表格公示在墙上，让全家都能看到他们的完成情况，这也是一种公开的肯定。

自从我们实施新计划后，早上通常是这样的：

☆ 6：30 闹钟一响，杰森和马修起床

☆ 收拾好床铺

☆ 穿好前一天晚上我为他们准备好的衣服

☆ 收拾好书包

☆ 吃早餐——一碗水果燕麦粥

☆ 把餐具放进刷碗池

☆ 洗脸、刷牙

☆ 7：30 之前出发去上学

表 3－1 我们的第一张清晨内务奖励表格

			May 20		May 27		June 3		June 10	
			Time	chores	T	C	T	C	T	C
Jason	M	Typing	7:00	Trash	7:05	[illegible]	7:08	T	7:00	Sweepi
Matthew		creativity	7:00	T	7:05	Trash	7:00	T	7:00	[illegible]
J	T	Book	7:09	T	〃	T	7:10	T	7:09	T
M		Report	7:14	T	6:59	T	7:10	T	7:08	T
J	W	Drawing	6:51	T	7:00	T	7:05	T	6:59	〃
M		Reading	〃	T	6:59	T	7:07	T	6:52	〃
J	T	Book	6:59	T	6:57	T	7:20	T	6:59	〃
M		Report	7:00	T	7:00	T	7:11	T	7:01	〃
J	F	Movie	6:55	T	7:03	T	7:05	T	7:15	〃
M			6:55	T	7:03	T	7:05	T	6:59	T
J	S	Book								
M		project								

从周一到周五，如果他们每天都按时完成以上所有任务，就会在周六早上拿到 3 美元。杰森和马修都清楚，只有完成所有的事情，钱才能拿到手。如果漏掉一项，或者有一项没有做好（没完成或态度不够积极），我都会扣一点钱，比如一项扣 10 美分。谁都不喜欢坏结果，我的两个儿子也不例外。

最开始的几个星期，杰森和马修都努力、快速地完成了需要做的事情。干完早上的家务活儿，就在表格上填上完成的时间。大部分情况下，他们能在7：00左右完成所有任务。

我说的这些事情听起来是不是像做梦？但这不是做梦。后来，我的两个儿子都爱上了这个计划。

小哥俩就像展开了一场比赛，看看谁能第一个完成所有的任务。他们动作很快——从餐厅到卫生间，又从卫生间到卧室，中间一刻不停，只想尽快完成所有任务。看着他们奔跑忙碌，听着他们互相鼓励，我常常被他俩逗得哈哈大笑。

每个家庭的情况不同，需要孩子做的家务也不一样。所以，你家里的清晨内务奖励表可能跟我家的不一样。请发挥你的创造力，和孩子一起设计这个表格。注意：为孩子设下的目标一定是可以达成的目标。这样孩子完成任务之后，也会为自己付出的努力和取得的成果感到自豪。

皮特·安德鲁·巴菲特是一位音乐家，曾经荣获艾美奖。同时，他也是一位作家，是全球著名的投资人——股神沃伦·巴菲特的小儿子。他在《生活由你创造》一书中说道："我们小时候从没有把一切当作理所应当。我的零花钱不多，但也不是伸手跟家里要的，而是我自己赚的。"他建议父母们给孩子机会做家务，让孩子学会自己解决问题，而不是代替他们解决问题，帮他们收拾烂摊子。

如果早晨你家里有很多事情需要做，那就先让孩子从一两件事开始做起。奖金不用太多，但要能激发孩子。几天或几个星期之后，孩子们干得越来越好了，就可以逐渐多安排些任务给他们，让他们赚到更多的钱。等孩子再长大一点、想赚更多钱的时候，就安排他们上学之前或者放学之后做更多家务，比如倒垃圾、扫地、除尘、收拾玩具和书、取信件、吸尘、擦地板、浇花、扫落叶、刷碗、叠衣服、布置餐桌、遛狗、洗车、帮邻居看小孩等。

把清晨内务奖励表贴在家人时常经过的地方。我们家把它贴在了餐厅，因为我们每天都在那里活动：吃饭，做作业，偶尔开个家庭会议。孩子们随时能看到奖励表，会让他们一直把这件事放在心上。看着表格上填满了检查时间、我的签名（后来调整表格的时候，我增加了这一栏）和每周他们完成的任务，两个孩子都很有成就感！

詹姆斯·克利尔在他的博文《改变习惯的三个 R：如何养成可以坚持的新习惯》中写道："你今天的生活，是你过往习惯的总和……你的成功或失败，都是习惯带来的结果。"

克利尔解释了养成习惯的三个步骤：通过提醒来开启行动；重复行为直至形成习惯；每次行为完成要给予奖励。

《习惯的力量》一书作者查尔斯·杜希格，在他的书中提到了麻省理工学院的研究人员的一个发现——每一个习惯的内核都有一个简单的神经回路。这个回路包括三个部分：提示、重复和奖励。这个发现和克利尔上面提到的理论本质上是一样的。

在我们家，清晨内务奖励计划就是一种提醒或提示；每日重复之事就是每天早上积极地完成所有事情；奖励是 3 美元以及额外的奖励和激励。

"我们重复做的事情，决定我们成为什么样的人，决定我们相信什么，决定我们形成什么样的性格。"克利尔在他的文章里说道。我深表同意。清晨内务奖励计划不仅能让孩子们多赚钱，同时也能帮助他们养成良好的习惯。这些习惯将提升他们的能力，而这些能力会让他们受益终生。

计划实施之初会有些费力，但之后会越来越轻松。即便前一晚睡前忘了定闹钟，两个孩子也还是能按时起床，在既定的时间内完成早上所有的事情，就好像开启了自动驾驶模式。

他们每天要做的事情不尽相同，但每按时做完一件事都会有奖励。还记得习惯养成三步骤中的最后一步吗？对，就是奖励！我们的大脑喜欢奖励！

父母经常会犯这样的错误——逼着孩子去做一些事情，比如，练习橄榄球，踢足球，上跆拳道课、艺术课、芭蕾课。父母认为这是为孩子的发展着想，认为自己是在履行为人父母的责任。

但是父母给孩子安排好的活动（哪怕是有趣的活动）都需要孩子们投入精力和时间，就像工作一样。大多数情况下，父母们都忘了奖励孩子，奖励孩子付出的努力，忘了庆祝孩子取得的大小成绩。奖励的作用很大，不管是为孩子买一件他们心仪的礼物，带他们去看场电影，还是跟他们一起吃一顿大餐，他们都能感受到被认可。

怎样才能让孩子把习惯保持下去？奖励！奖励的魅力在于：它可大可小，但必须持续，必须对孩子付出的努力给予回报。如果你没有太多预算，那就根据你的预算选择适当的奖励。毕竟，重要的是对孩子的认可。

除了物质奖励，我与丈夫也常常赞美孩子们，这些都是有效的精神和情感奖励。表扬孩子是最简单的鼓励方式，但它绝不是小事，因为父母持续正面的反馈会使孩子持续强化好的习惯，而这些好习惯会为他们塑造好的人生。孩子受到表扬后，就会重复被表扬的行为。否则，孩子就会失去兴趣，甚至受到打击，感到沮丧、困惑甚至生气。这些负面情绪不利于他们养成良好习惯。所以一定要给孩子奖励，不仅仅是物质奖励，赞美和表扬也同样重要。

特殊奖励计划

在清晨内务奖励计划顺利推进的同时，特殊奖励计划也开始实施。特殊奖励计划是针对孩子完成每天或每周常规活动之后额外做的事情进行的奖励。特殊奖励计划不奖励天天做的那些事，你可以提前规划，找几件有意思的事情跟孩子一起做。这里我再强调一次，这些事情是孩子们的日常活动之外的任务。

开始启用特殊奖励计划时，我为杰森和马修设计了以下活动：

周一：打字练习和创意手工

周二：写读书报告

周三：画画和阅读

周四：写读书报告

周五：电影之夜

表3－2是我们早期使用的一张表格，后来我稍做改动，增加了父母签名和额外奖金两栏。这张表格可以从网站（https：//moneymasterkids. co）下载。

表 3－2　特殊奖励计划中的清晨内务奖励表

Morning Stuff Allowance Chart with Special Incentive Project					
Day of the Week (Special Incentive)	Wake-Up Time	Completion Time	Daily Chores	Parents Signature	Bonus Works
Monday (Typing Practice & Creativity)	6:30 AM	7:10 AM	Empting Trash	Sign	Watering
Tuesday (Book Report)	6:30 AM	7:10 AM	Sweeping	Sign	Empting Trash
Wednesday (Drawing & Reading)	6:30 AM	7:10 AM	Empting Trash	Sign	Helping Cooking
Thursday (Book Report)	6:30 AM	7:10 AM	Sweeping	Sign	Massage
Friday (Fun Movie Night)	6:30 AM	7:10 AM	Empting Trash	Sign	Folding Laundry
Saturday (Korean School & Sports & Ceremony)	7:30AM	Your Choice	Your Choice	Sign	Your Choice
Sunday (Church & Free Time)	8:00AM	Your Choice	Your Choice	Sign	Your Choice

神奇阅读计划

在我给孩子们设计的所有特殊奖励计划里，我最喜欢周二和周四晚上的阅读计划，我给这项活动取名“神奇阅读计划”。我告诉杰森和马修：“如果你们读完 200 本书，当我们搬进新房子的时候，我就养一只你们想要的小狗狗。”

“真的吗，妈妈？”哥俩儿兴奋得脸上放光，笑得合不拢嘴。

为了完成神奇阅读计划，我们从图书馆借了很多书。每次去图书馆，他们俩都会用各自的图书卡借30本书——加起来有60本——然后带回家。我对他们提出了更高的要求：“选择那些能激发你们思考的书，不要读太简单的东西哦！”

所以，两个孩子选书的时候常来问我：“妈妈，这本书会不会太简单了？”

因为神奇阅读计划，他们俩每周都会写三篇读书报告，每篇报告都包括引言、主体和结论三个部分。我也特意制作了阅读计划表格，与清晨内务计划表分开。每次他们写完读书报告，我都认真阅读，给出评语，并在完成日期上盖戳。

因为杰森和马修经常去图书馆借书，连图书馆馆长都认识他俩了，还常常送给他们一些小礼物和酷酷的装书袋作为奖励。

因为我们实施了神奇阅读计划，到杰森和马修上小学三年级的时候，他们已经完成了200多篇读书报告。老师看过他们写的所有读书报告之后，决定给他们阅读课满分。拿了满分之后，他们就不需要上阅读课了！但是即便不用拿学分，他们俩还是会去上阅读课。他们用最好的方式完成了阅读课！

那通过完成神奇阅读计划，他们得到的奖励是什么呢？

第一次给他们介绍写读书报告这个想法的时候，我就告诉他们这是特殊奖励计划的一部分。我承诺：如果他们完成计划，每个月的奖励是20美元，他们可以去电影院看一部想看的电影，剩下的钱还可以买一大桶爆米花和自己喜欢的饮料！所以他们都非常喜欢这个计划，因为直到那时，我们还

图 3－1　杰森和马修以及他们的五张读书报告表

没去过几次电影院呢。

这个阅读计划是在 3 美元的清晨内务奖励计划和特殊奖励计划之外的吗？当然！这笔“买卖”让他们特别兴奋！

“只要妈妈做出承诺，就一定会兑现！”我经常在家重复这句话，所以孩子们相信我会兑现诺言，而我也确实做到了。自从有了神奇阅读计划，我和丈夫陪两个儿子去电影院看了很多动画片——《魔发奇缘》《玩具总动员 3》《功夫熊猫 2》

图3－2 马修举着其中的一张读书报告表

《驯龙高手》《乐高大电影》等。只要你能说出来的动画片，我们几乎都看过。

周六清晨内务庆祝会

一点小小的成就也需要奖励吗？当然！

查尔斯·杜希格说过，当我们欣赏自己的成就时，大脑会收到信号，期待积极的结果。这就是说，我们要用物质、情感和心理的方式帮孩子庆祝，哪怕他只是取得了一点小小的成就。所以我们每周六的早上都会帮孩子庆祝，即“清晨内务庆祝会”。

每周六早上吃过早饭之后，我们一家都会围坐在餐桌前。我会问两个儿子：“本周的清晨内务全部完成了吗？”

“全部完成！”两个孩子回答。

“你们做得太棒啦！”我说，“记录表显示全部完成。做的时候你们是不是态度积极、心情愉快呢?”

“是的!”

“真是太棒了!”我说，“鉴于你们俩本周出色的表现，爸爸和妈妈要给你们颁发奖金。”之后，我会给他们俩每人发3美元。

如果他们完成了额外的任务，比如一周倒三次垃圾、浇三次花，我会再给他们一些额外的奖励，每人再给1美元。如果能够连续四周完成额外的任务，我就再奖励他们1美元。对于孩子们来说，这些钱加起来绝对是一笔巨款了!

你可以想象他们有多开心，就好像自己是国王一样。这种感觉让他们有更大的热情完成早上起来的各项事务，坚持特殊奖励计划，以及做各种有额外奖励的事情。

这就是奖励的目的，不是吗?当我们因为小小的成就得到奖励时，我们就会有动力去做更大的事情，取得更大的成就!在生活中，我们就是这样由小事开始，最后取得成功的。每个人都是从新手开始，慢慢成长的，直到最后能够掌握自己的生活，坚守自己的目标和价值观。小时候就懂得努力就有回报，长大后才能成为财富的主人、时间的主人、能量的主人。

每次我给两个孩子发奖金的时候，全家都会一起鼓掌加油:“真是太棒了，你做到了!”参加别人的庆祝会可以让孩子学会为别人喝彩，学会慷慨。如果孩子知道，只要努力，有一天他也会得到认可和嘉奖，他就会喜欢鼓励别人。我相信，这样的颁奖会给孩子积极的影响。孩子付出了努力，他需要知道、感受到、体验到认可，需要知道、感受到、体验到父母以他们为荣。

现在，杰森和马修快11岁了。自从实施这两个计划——

清晨内务奖励计划和特殊奖励计划以来，我们家发生了哪些变化呢？

生活中，所有的事都在变化，所有的人都在成长。所以，我也会适时对这两个计划做一些修改。比如他们6岁时，内务奖励是3美元，7岁时加到5美元，10岁时又提升到7美元，这还不包括额外的奖金。当然，每一次提高奖金，我也会适当增加他们要承担的责任。

5年过去了，虽然每天早上两个孩子做的事还是那些，但我能看到他们不仅学会了早上打理好自己，还学会了如何存钱、花钱和管钱，学会了时间管理和自我约束。在神奇阅读计划中，杰森和马修都养成了良好的阅读习惯，提升了写作能力，同时也学到了体育、科学和自然等各个方面的知识。不仅如此，他们还发现所有的伟大人物，无一例外，都是克服重重困难才取得了最后的成功。

这5年中，变化最大的是两个孩子对钱——自己赚到的钱的态度，也学会了与别人分享自己的所得。7岁的时候，杰森和马修看到叔叔在玩当时特别流行的2K12（一种NBA篮球游戏），就想送爸爸一套作为圣诞节礼物。于是他们工作更努力，一周赚5美元。最终，两个孩子实现了目标。年底他们存够了钱，不仅给爸爸买了游戏做圣诞礼物，还给我买了一个漂亮的彩虹手镯。

多么贴心有爱的孩子啊！我依然清楚地记得当时他们骄傲的表情。看得出来，用自己赚的钱送爸爸、妈妈礼物，哥俩感觉特别棒！那是他们第一次与他人分享自己的劳动所得，第一次体验分享带来的快乐。关于这一点，后面我还会详细介绍。

那养小狗的承诺兑现了吗？容我忏悔一下：两个孩子早

已经读完了 200 本书——事实上，他们在四年级就完成了1 000多篇读后感，但是我并没有让他们养小狗。为什么呢？因为我们还没有搬到一个能够让小狗跑来跑去的大房子。等我们搬家之后，我一定会给孩子们养一只小狗——因为那是他们应得的，因为只要妈妈做出了承诺，就一定会兑现！

贴心提示

建立提醒、重复和奖励机制，一定可以帮助孩子养成终身受益的好习惯。

第四章 健康理财习惯之四
——寄予高期望，设定高目标

在过去的5年里，杰森和马修非常勤奋，认真执行清晨内务奖励计划和特别奖励计划，在存钱、理性消费、为未来投资、为家庭做贡献及与他人分享等各个方面都取得了巨大的成长。

不管你用什么稀世珍宝来和我交换与两个孩子一起成长的经历，我都不会同意。这些年来，他们的每一次努力，都变成了一块通往成功人生的金色踏脚石。

然而，骄兵必败。成功滋生自满，自满导致失败。自从我们搬到加州的新房子（还没大到能养宠物），我隐隐感觉到了两个孩子自满的苗头。因为在新家，完成同样的事情比以前轻松多了，所以他们经常不费多少时间和力气就能获得奖金。

我相信自满是人类最大的敌人。当现状让人感觉舒服，人就会自满，就不再全力以赴，就会停止成长。这就是悲剧的开始。

本杰明·梅斯，一位颇具影响力的牧师曾说：“生命的悲剧常常不在失败，而在自满；不在做得太多，而在做得太少；不在于每天都面对挑战，而在于无处施展能力。”

父母都希望孩子能持续成长，获得成功。这种成长不仅指物质方面的成长，也指精神方面、心灵方面以及情绪方面的成长——是生活中方方面面的成长。我们不希望孩子永远停滞在小学五年级的水平。

我不是一个虎妈，但是我希望我的孩子做最好的自己。所以当我感觉到他们在舒适区停滞不前的时候，我就要采取行动。于是我决定颠覆他们的世界，用一个全新的计划挑战他们，提升他们的水平，帮助他们达到更高的目标。

为了设计这个全新的计划，我花了很长时间。最后，“卓越之旅计划”诞生了！

为什么称之为“卓越之旅计划”呢？因为我相信人生就是一段不断追求卓越的旅程。真正成功的人都经历过相同的历程，而我的两个儿子才刚刚开始这段旅程。

在跟杰森和马修讲解卓越之旅计划的时候，我用一棵成长中的树举例来说明人生是一个持续成长的过程。“每棵树都想成为森林里面最大、最高的那棵树。”我一边说，一边画了一棵已经长成的树，鼓励他们往树上添点内容，画几只小鸟或是画几个果实。他们俩一边听，一边画。手脑并用，会让他们的认识更深刻。

“一棵大树绝对不会长到一半就对自己说，‘我已经长得够高了，我要停止生长，开始休养’。恰恰相反，大树会尽可能把根扎得更深，树枝会尽可能向高处伸展，总之，大树会竭尽全力生长！”

每一个人，不论年龄大小，身体内都有一颗追求卓越的种子。这颗种子需要一生的时间萌芽、生长、结果，结出成功、财富、幸福和圆满的果实。如果你想要收获更多的果实，就要不断激发体内的潜能，一直保持成长的态势。这也是我们对孩子的期望。

为了激发两个孩子更多的潜能，一天早上在去学校的路上，我告诉杰森和马修，晚上我要宣布一个令人兴奋的好消息。

“什么好消息，妈妈？”杰森问。

“晚上你们就知道了。”我微笑着回答他，“我相信你们会喜欢的。”

他们俩肯定是惦记了整整一天。放了学，练完篮球回到家，我们刚刚在餐桌前坐定，马修就问我：“妈妈，你早上说要宣布的事情是什么？”

“好消息就是——我又为你们量身打造了一个全新的计划！”我欢快地宣布。

死一般的寂静。他们俩紧张地看着我——妈妈又要做什么？“不过稍等一下，我去把摄像机拿来！”于是我跑去拿摄像机。

我为什么要在这么尴尬的时刻去拿摄像机呢？

我制作《LEE 一家》家庭电影有一段时间了，而且我一直不断地往里面增加内容。“我最爱的电影是就是《LEE 一家》”，我经常说，“我爱我们全家在一起的所有时刻——无论是欢乐的还是悲伤的——因为这些时刻，让我们的生命更加美好。”

现在，感恩节上午观看《LEE 一家》家庭电影成了我们家的节日传统。每个感恩节的早上，我们都会晚一点吃早餐，一家人坐在一起，一边吃饭，一边欣赏我们的家庭电影——

从杰森和马修出生，到现在的每一个欢乐时刻！我们一会儿笑，一会儿哭，一起回忆那些美好的瞬间，一起感恩家里的每一个人！

所以，在我要宣布这个新计划的时候，我必须拿出摄像机，记录下这一个难忘的时刻，记录下他们的表情——从怀疑到困惑，从困惑到兴奋。

卓越之旅计划

那天晚上，我跟杰森和马修详细介绍了卓越之旅计划——这是前一个计划的加强版，目的是挖掘孩子们更多的潜能，使他们能够均衡发展，在人生旅途中成为领袖。我设计的新计划将会挑战他们的舒适区域和常规思维，这是我对他们更高的期望。

当然，小哥俩一开始很难接受这样的变化和挑战。那天晚上我们的讨论持续了很久。两个小时后，他们的态度转变，对新计划充满了期待。

这个结局是不是特别美好？是不是难以置信？

下面是他们对新计划充满期待的原因。

卓越之旅计划首先包含升级版的清晨内务奖励计划，我重新命名它为“超级清晨内务奖励计划”，在孩子们已经熟悉的清晨内务之外，我又增加了几项新任务。这几项新任务会给他们带来更多的奖金和成就感。

为了这次会议，我准备了表4-1，在给孩子们做宣讲之前，我给孩子们一人发了一份（大家知道给客户做演示是我常用的方法，所以我也给两个儿子做演示，不过是采用了适合他们年龄段的演示方式）。表4-1可以在网站（https：//

moneymasterkids. co）下载。

表4－1　卓越之旅计划表

The Journey to Greatness: Name: ____________ Date: ____________

	Super Morning Stuff		Opportunity Acts	Sports/Music	Quote for the day	Leader's Choice	Reward
Badge:							
	Get Up	Done	Kinds of Acts	Kinds of Activities	Quote to Memorize	Kinds of Acts	Total
Mon(Date: /)	6:30AM						
Tuesday	6:30AM						
Wednesday	6:30AM						
Thursday	6:30AM						
Friday	6:30AM						
Saturday							
Sunday							
Evaluation	$	$	$	$	$	$	$
Badge:							
	Get Up	Done	Kinds of Acts	Kinds of Activities	Quote to Memorize	Kinds of Acts	Total
Mon(Date: /)	6:30AM						
Tuesday	6:30AM						
Wednesday	6:30AM						
Thursday	6:30AM						
Friday	6:30AM						
Saturday							
Sunday							
Evaluation	$	$	$	$	$	$	$
Badge:							
	Get Up	Done	Kinds of Acts	Kinds of Activities	Quote to Memorize	Kinds of Acts	Total
Mon(Date: /)	6:30AM						
Tuesday	6:30AM						
Wednesday	6:30AM						
Thursday	6:30AM						
Friday	6:30AM						
Saturday							
Sunday							
Evaluation	$	$	$	$	$	$	$

<Promotions for Progress>

1. **Silver Badge** (Good Follower): completes all the morning stuff = **$7**
2. **Gold Badge** (Great Follower): *Super Morning Stuff* ($10) + Opportunity Acts ($3) = **$13**
3. **Platinum Badge** (Powerful Leader): *Super Morning Stuff* ($10) + Opportunity Acts ($2) + Music practice four times a week, minimum 30 minutes a day (+$2) + Sport Practice four times a week, minimum 30 minutes a day ($2) + Leader's Choice four times a week ($4) = **$20**
4. **Hall of Fame Badge** (Influential Mentor): *Super Morning Stuff* ($10) + Opportunity Acts ($2) + Music practice four times a week, minimum 30 minutes a day (+$2) + Sport Practice four times a week, minimum 30 minutes a day ($2) + Leader's Choice four times week ($4) **PLUS two options from** Writing a "Success Vision Journal" daily ($5), Creating a New Lesson Plan for Teaching or New Business Plan ($5), Writing a book to publish, a page a day($5), Listening to leadership audio book for 30 minutes a day and make a summary($5)= **$30**

<Super Morning Stuff Allowance> When you get up, make beds right away, make your breakfast, read or listen to something inspiring on the iPad or radio, get dressed, pack your lunch, and use the restroom to get ready for school. When done, memorize the quote of the day and take out the trash and leave for school by or earlier than 7:30 a.m. Show you are responsible for your morning and your life.

Each activity completion requires the signature from either Mom or Dad for its validity.

卓越之旅计划包含六个不同类目：

第一，四大奖章制度；

第二，超级清晨内务；

第三，机遇家务；

第四，运动/音乐/语言训练；

第五，每日名言；

第六，领袖的选择。

我知道，即便是对一个成年人来说，这个计划实施起来也颇有些难度。但是当我把整个计划分解成几个部分，一部分一部分呈现的时候，两个孩子就能理解了。这就是吃掉一头大象的方法，对吗？一次吃一口！

四大奖章制度

四大奖章制度是整个计划中最重要的部分。在表格底部的“晋升进度”下面，你会看到奖章制度的具体内容。我告诉杰森和马修，“奖章制度在整个计划中至关重要”。

当我说到“奖章制度”时，两个孩子都睁大了双眼，因为他们知道童子军奖章。美国男童子军（BSA）和美国女童子军（GSA）都有自己的奖章制度，包括130多枚奖章。任何一名童子军成员，在任何时候，都可以通过努力获得奖章。他们需要做的就是锁定一枚奖章，然后完成这枚奖章所包含的任务，最后就可以获得这枚奖章。杰森和马修不是童子军。我很钦佩童子军的精神，他们通过努力赢得奖章，持续追求更高的目标。正是这种精神，让他们在同龄人中脱颖而出。没有人能完成所有的事情，但是每个人都能完成某一件事。

两个孩子都很想赢得奖章，因为他们看过迪士尼电影《飞屋环游记》。在电影里，那个名叫罗素的小童子军历经重重困难和考验，帮助孤老头弗雷德里克森实现了梦想。经过这次的历险，罗素不仅赢得了奖章，还获得了大家的赞赏。这就是我所说的童子军精神！杰森和马修都想像罗素一样，因为他很酷——他在帮助别人的同时，为自己赢得了超酷的奖章。

我在卓越之旅计划中设置了四枚奖章——以银质奖章为起点，之后升级到金质奖章，然后是白金奖章，最后登顶名人堂。

杰森和马修都热爱运动，所以名人堂立即引起了他们的关注。在运动界，名人堂可是所有运动员都神往的地方。而我给了他们一个可以登顶名人堂的机会——看得出他们已经在想象自己登顶时刻的情形了！

“妈妈，这些奖章都代表什么意思呢？做到哪些事情才能晋级呢？”马修问。他们刚打完篮球回来，都特别累——杰森舒服地倚在爸爸的肩膀上，马修则半躺在椅子上。虽然累成这样，两个人的小脑瓜都还很清醒。

“银质奖章发给合格的遵从者，”我说，“如果你按时起床，做好早上应该做的所有事情，你就是一个合格的遵从者。你得到的奖励是一周 7 美元。”

对我这些新想法，两个孩子似乎不太理解。不过他俩睁大眼睛，全神贯注地看着我，看得出来他们对新计划非常感兴趣。

“但是你一定想得到金质奖章，甚至更高级的奖章。因为金质奖章是发给优秀遵从者的。优秀遵从者并不仅仅满足于遵守规则。如果你完成了超级清晨内务计划，而不是常规的清晨内务计划，并且从周一到周五都成功完成了机遇家务，那你就是优秀遵从者。你将得到总共 13 美元的奖励，包括超级清晨内务的 10 美元和机遇家务的 3 美元。”

“等一下，妈妈！”马修喊道，沮丧地举起手，“什么是超级清晨内务？什么又是机遇家务啊？”他的表情告诉我，这些新规则和陌生的词汇让他有些不解。

“不用担心，让我一一给你们解释，”我说，“超级清晨内务其实和这几年你们一直做的清晨内务一样，只是增加了几件事情而已！”

“增加了哪些事情呢？”杰森问，他前额微蹙，显得有点担心。

“比如你要给自己做早餐，而不是等妈妈准备早餐。还有，吃饭的时候，读一点或者听一点激励你的东西。然后，把每日名言背下来，在 7：30 之前收拾好书包，做好上学前的准备。就这些！”（其实，我开始提出的是“今日目标”，试行一个星期之后，我决定改成“今日名言”。）

“就这些？我们就能得到 10 美元而不是 7 美元？”杰森问，听到没有增加什么超级疯狂的内容，他松了口气。

“是呀！”我回答，“如果你们一周做满五次机遇家务，还会有 3 美元！”然后我意识到，我得解释下“机遇家务”的意思。

“机遇家务就是一些琐事。不过，琐事有时候听起来像是一种负担，有人会觉得是迫不得已才做。要知道，语言是有力量的，所以我给它起名叫‘机遇家务’。因为当你们帮助爸爸、妈妈的时候，你们主动承担了一项为家庭带来价值的任务，爸爸、妈妈就会用晋级来奖励你们的行为，因为你们的行为让家人的生活变得更美好。”当他们听到“带来价值”这个词时，马上联想到已故励志演讲家吉米·罗恩的话：“因为我们为市场创造价值，所以我们能赚到钱。”

我告诉他们，是否实施这个计划，完全由他们自己决定，这是一次机遇，不强求。“没有人会强制你做这做那，但是做了就能得到奖励，不做就得不到奖励。就这么简单。”

说到这里，我看他们还是很感兴趣。所以我想可以给他们介绍两个更高级别的奖章了。

“金质奖章很了不起，但是白金奖章更了不起。白金奖章为领袖而准备，为一天中表现出高度责任感和领导能力的领袖准备。如果你想拿到白金奖章，从周一到周五你每天都要做好超级清晨内务和机遇家务，还要参加音乐、语言或运动训练，另外还要完成‘领袖的选择计划’。”我跟他们说。领袖的选择计划更具挑战性，领袖要独立帮助别人，帮助别人做些简单的事情，比如清扫房间或者洗车，也可以是帮家人做顿饭，或者给父母按摩之类的。我给他们看表格，他们就知道一周做多少事可以赢得额外积分，多久可以达到标准并获得白金奖章。

那获得白金奖章的奖励是多少呢？足足有20美元！10美元是基本奖励，另外10美元奖励额外工作。听到有20美元，哥俩眼睛都亮了。我一点都不觉得意外。当人得到奖励的时候，大脑会分泌多巴胺。一想到要赚那么大一笔钱，还能赢得白金奖章，两个孩子的大脑肯定会立即分泌多巴胺啊，就好像那些钱已经被他们收入囊中！

所以，我还没开始解释名人堂奖章，他们的态度就已经发生了180度的转变，并且有了服务意识——马修给我倒了一杯水，杰森则开始给爸爸按摩肩膀，还边按摩边问：“妈妈，我做得好吧？是不是这样做就能获得奖章？”我不禁哈哈大笑，奖励的作用真是大啊！

我说：“别急，我还没说完呢，还有一种奖章你们必须要知道，那就是独一无二、享受最高殊荣的——名人堂奖章！名人堂奖章颁发给优秀的领袖，因为他不仅可以管理自己，还知道如何领导、激励和帮助别人。优秀领袖完成白金奖章要求的所有任务后，必须还要多做两件事才能获得这个至高无上的荣誉。”

多做两件事？是什么事呢？（事实上不止两件事情，不过他们可以在清单里选两件）。清单里包括：撰写“成功愿景”日志，或者构思、写作一本书——一次写一页，或者读一篇励志文章，或者听30分钟关于领导力的音频书，并写出总结，或是为我办公室的小朋友编写一份课程计划，或者为未来的自己写一份商业计划书。这些事情需要一周做够四次（不用每天都做）。那么完成这两件事之后，他们能拿到的奖励是多少呢？每件事5美元，所以名人堂奖章的奖励总额是30美元——10美元的常规奖励，加多做两件事获得的20美元！在他们当时的年纪，30美元绝对是一笔巨款！

“一周30美元？那他们一个月的奖金比我的工资还要多!!”汤姆斯喊道，语气里充满嫉妒。我笑着说：“也比我的工资多啊！”现在我给他们创造了一个绝佳的机会——每人每月能赚到超过100美元的机会。我知道这个目标很高，但是我还是想看看孩子们能否做到、做好。“妈妈，那么多可以做的事情，干吗非得选写日记呢？”马修问道，他有点没信心。

“那不仅是日记，”我说，“我说的是写日志。日志和日记是不一样的。在日记里，你主要是写生活中的事情，比如，每天学校里面发生了什么和你的感受。但在日志中，你要记录一些有意义的事情，可能是你读到的、听到的，或是与别人聊天的时候学到的……总之，是一切会让你进步的事情。”

“我不明白日志是什么，妈妈……我还是觉得我不会写。”杰森说。

我轻轻地拍了拍他的肩膀，说：“没关系，杰森。没有人要求你做这件事。除非你自己要求自己去做。”

讨论已经持续了近两个小时，所以我最后做了一个总结：

"孩子们，你们自己做决定。是否要挑战自己，达到更高的目标，完全取决于你们自己。下周一早上我们就启动这个新计划！"

"妈妈，那我们现在是什么级别呢？"杰森问，"我们现在到金质奖章的级别了吗？"

"还没有！因为这是一个全新的计划，所以你们要从银质奖章开始，然后一级一级挑战。"听到要从最低级别做起，他们俩半信半疑地看着我。但是一想到那么可观的奖励，他们就又开心起来。

在杰森和马修的期待中，我们结束了讨论。这两个小时的讨论仅仅是一个开始。我能够感觉到，我已经成功地把目标植入他们的头脑中，而他们的身体里也迸发出一股力量，这股力量推动他们朝着目标前进。看到孩子们的表现，我也非常兴奋。我几乎等不及下周一启动超级清晨内务计划啦！

写到这里，我猜有些父母可能会说："这简直是新兵训练营，对我家孩子来说太难了，他肯定做不到！"

我的回答是：首先，像新兵训练营不好吗？生活不就像训练营吗？我们不都是一边学习，一边成长，一边成长，一边学习吗？

有些父母不愿让孩子受苦，把孩子当作温室里的花朵，还有些父母简直是把孩子供了起来。难怪有些孩子永远都长不大——因为父母从来没给他们机会学习如何成长。

其次，为什么说"我家孩子做不到"？"做不到"和"做得到"只有一字之差，如果你认为孩子做不到，孩子也会认为自己做不到。如果你用积极、肯定的方式去看待事情，你的孩子也会用积极、肯定的方式看待事情。还记得第一章我们讨论过的话题吗——父母的态度会直接影响孩子的态度。

美国中学校长协会（NASSP）* 的研究认为，在教学过程中，如果老师对学生们严格要求，让他们达到更高标准，最后孩子会取得更好的学习成绩。对孩子来说，好成绩会带来高质量的社交圈，也意味着孩子能够与在职业发展、提升人生高度等方面给了他们支持的人建立更紧密的关系。而且，不管在哪个年龄段，好成绩都能帮助孩子获得自信，提升社交能力，增强意志力。与此同时，孩子们也会对自己有更高的期待。

当生活对孩子期望那么高的时候，我们又怎么能对孩子期望那么低呢？

对孩子来说，时间——父母与孩子共度的时间，是父母给予孩子最好的礼物。这个时间不仅包括在操场上陪孩子玩耍的时间、陪孩子在音乐学校训练的时间、上舞蹈课的时间或者在购物中心闲逛的时间，还包括帮助孩子掌握技能，想尽办法帮助孩子为未来做准备的时间。毋庸置疑，教孩子财务知识，让孩子学会管理个人财务，对孩子未来的生活会有很大的影响。

你花在做表格、设置奖项、讨论目标上的时间，或是教孩子财务新词的时间，都是对孩子未来个人财务管理方面的投资。你用心奖励孩子、陪孩子看电影，或是跟孩子一起体验各种意义非凡的经历，都会给你和孩子留下更多美好、难忘的回忆。你花的这些时间也会帮助孩子变得更加自信。

作为父母，我们不只影响孩子的世界，我们要成为孩子的世界里最强大的影响力。

---

* http://www.nassp.org/tabid/3788/default.aspx?topic=Expectations_Do_You_Have_Them_Do_Students_Get_Them

给父母的几点建议

比起之前的计划，卓越之旅计划确实更具挑战。如果你家孩子年纪还很小，可以先执行清晨内务计划。在第三章中，我们曾讨论过清晨内务计划，此处不再赘述。我们可以等孩子执行清晨内务计划没有问题后，再试着开始执行其他计划。所以如果你家是这种情况，就可以先略过本章，等条件成熟再来读。

以下是我们家的超级清晨内务计划对孩子的要求。每个家庭的情况不同，要求必定也不一样。你家的超级清晨内务计划将包含对家庭而言最重要的事情。

表 4－2　超级清晨内务计划表

超级清晨内务计划

1. 起床之后，立刻收拾床铺
2. 穿好衣服，洗漱
3. 准备自己的早餐
4. 吃早餐的时候，读/听一些有启发性的文字或音频
5. 收拾书包
6. 背诵每日名言
7. 7：30 之前出发去学校
8. 抱着对每个清晨负责，对生活负责的态度来完成任务

每天任务完成后，爸爸或妈妈签字确认__________

如果你已经实施了清晨内务津贴计划和特别激励计划，并且已经看到孩子每天圆满完成任务，那你就可以开始尝试新计划了。

我给两个孩子设计的奖金额度是基于我们的实际收入情况而定的。如果因为奖金难以承受而无法实施卓越之旅计划，

那就需要根据家庭的收入情况进行调整。因为我们开展各种计划，给孩子颁发奖金，是奖励孩子每天付出的努力，是为了让孩子变得越来越努力，而不是让家庭破产！

表4－3列出了四大奖章制度的大概情况。你可以根据孩子的需要，以及家庭财务状况进行适当调整，让它更符合孩子的实际需要和既定目标。

表4－3　四大奖章制度表

四大奖章制度

1. **银质奖章/合格的遵从者**
   - 成功完成所有清晨内务

   合计：7美元
2. **金质奖章/优秀的遵从者**
   - 超级清晨内务（10美元）
   - 机遇家务（3美元）

   合计：13美元
3. **白金奖章/有力量的领袖**
   - 超级清晨内务（10美元）
   - 机遇家务（3美元）
   - 音乐或者语言练习4次/周，每次至少30分钟（2美元）
   - 运动4次/周，每次至少30分钟（2美元）
   - 领袖的选择4次/周（3美元）

   合计：20美元
4. **名人堂奖章/有影响力的导师**
   - 超级清晨内务（10美元）
   - 机遇家务（3美元）
   - 音乐或者语言练习4次/周，每次至少30分钟（2美元）
   - 运动4次/周，每次至少30分钟（2美元）
   - 领袖的选择4次/周（3美元）

（以下选项任选其二）

- 写“成功愿景”日志4次/周（写总结）（5美元）
- 构思写作一本书4次/周，至少每次写一页（5美元）
- 编写新课程教案或者写商业计划书4次/周（5美元）
- 看励志电影，看完写总结，4次/周，每次至少30分钟（5美元）

合计：30美元

卓越之旅计划的表格可以在网站（https：//moneymasterkids.co）下载。

有些人会想：有这么多工作要做！他们只是孩子！让他们玩吧！

好吧，我同意，但只是部分同意。老话说得好："只工作，不玩耍，聪明孩子也变傻。"为了避免生活陷入沉闷，聪明孩子需要平衡自己的人生。在孩子自己有能力平衡学习和娱乐之前，家长有义务为孩子打造学习、家务、玩耍和各种创造性活动之间的平衡。

童年，不仅是孩子长身体的关键时期，也是他们发展心智的关键时期。当父母对孩子寄予较高但可达成的期望时，他们会更快成长，也会努力达到更高的目标。

杰森和马修的成长就是如此。我对他们有很高的期待，而现在这些期待都已经变成现实。每个家庭都不一样，每个孩子的个性也都不同，但是作为父母，我们的期望是一致的——让孩子像一棵不停生长的树一样，不断实现更高的目标。

现在，让我以阅读计划为例来说明这个道理。你会不会觉得，对于一个要上学、要运动，已经有很多事要做的六岁小朋友来说，再加上一个阅读计划孩子压力是否太大？其实不然。在阅读计划实施的过程中，杰森和马修确实要做很多事情，但这些事情与他们的能力相匹配，所以他们并不觉得痛苦。相反，他们从容面对挑战，迎接成长。

设想，如果当初我只要求杰森和马修每周读一本书，他们就会只读一本。但是我说他们需要读 3 本的时候，他们也找时间，想办法完成了。而且他们不仅读完了 3 本书，还写了 3 篇读书报告。

因为我为他们设定了更高的目标，他们会想尽办法去达成。努力之后，他们得到了物质奖励，得到了父母的赞许，得到了老师的认可，也得到了图书馆的奖励以及伙伴们的钦佩。

但是，比这些更重要的是他们的自信心、时间管理能力、写作能力都大幅提升。同时，他们享受阅读的乐趣，学习起来也轻松，还学会了设定目标，学会了达成目标的方法。

《心理控制术》的作者麦克斯维尔·马尔茨博士曾经说过，人类拥有一种内置的目标追寻装置，即“成功机制”。这种成功机制是人类潜意识的一部分——就像一枚精准度极高的导弹，通过不断地调整、修正，以准确击中目标。

哇哦！人类是多么的神奇啊！

当我知道大脑里有一种成功机制时，这让我特别兴奋。作为父母，我们需要做的就是帮助孩子找到目标，然后帮助孩子设定更高的目标。当孩子有了目标之后，大脑中的成功机制就会不断寻找方法，解决问题，创造一个个奇迹。

现在，让我们回到卓越之旅计划。我知道很多父母想了解第一周杰森和马修做得怎么样。现在，我骄傲地告诉大家：他们做到了！仅仅一周，两个孩子就都从银质奖章升级到了金质奖章！

下面是他们每天要做的事：闹钟一响，立即从床上爬起来，收拾床铺，然后进厨房自己准备早餐（一碗牛奶泡麦片）。他们俩找了一些励志的音频资料，边吃边听。第一天，他们用我的 iPad 看了数学和科学节目；接下来的几天，我们一起收听了乔尔·欧斯丁、吉米·罗恩、莱斯·布朗、杰克·坎菲尔等人的演讲。

吃完饭，他们俩收拾好书包，准备出门上学。在出门之前，他们完成了当天的机遇家务——扔垃圾或浇花，背下来当天的名言，然后7：30之前离开家去学校。

第一周，他们背诵的励志名言如下：

☆ 凡事全力以赴。一分耕耘，一分收获。

☆ 梦想要够大。小梦想不足以撼动人心。

☆ 改变世界，从改变自己开始。

☆ 让麻烦来吧，然后像消灭早餐一样干掉它们！

☆ 先做一些必须之事，然后做一些可能之事，突然间你就会发现，你已经在做自己认为不可能做到的事。

在前几个月，他们通过反复朗读记住了100多条名言。

表4-4　杰森和马修记住的名言

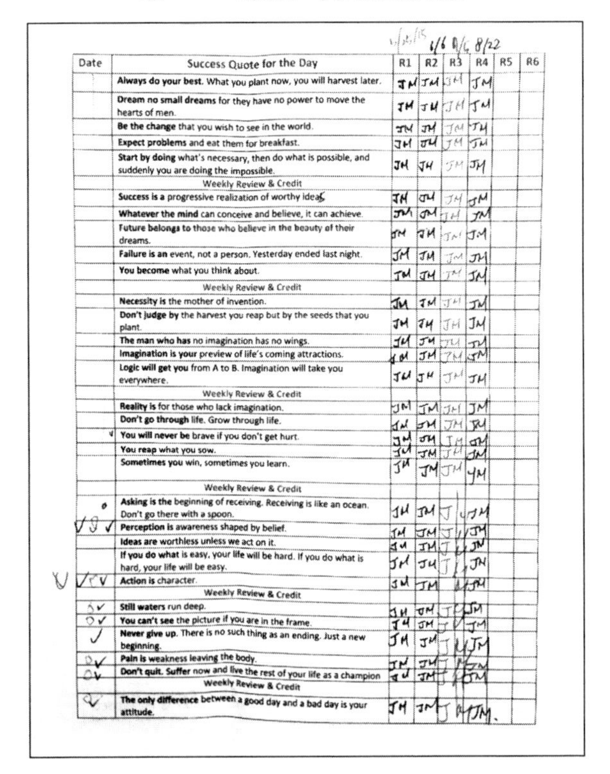

Date	Success Quote for the Day	R1	R2	R3	R4	R5	R6
			6/6	8/6	8/22		
	Always do your best. What you plant now, you will harvest later.	JM	JM	JM	JM		
	Dream no small dreams for they have no power to move the hearts of men.	JM	JM	JM	JM		
	Be the change that you wish to see in the world.	JM	JM	JM	JM		
	Expect problems and eat them for breakfast.	JM	JM	JM	JM		
	Start by doing what's necessary, then do what is possible, and suddenly you are doing the impossible.	JM	JM	JM	JM		
	Weekly Review & Credit						
	Success is a progressive realization of worthy ideas	JM	JM	JM	JM		
	Whatever the mind can conceive and believe, it can achieve.	JM	JM	JM	JM		
	Future belongs to those who believe in the beauty of their dreams.	JM	JM	JM	JM		
	Failure is an event, not a person. Yesterday ended last night.	JM	JM	JM	JM		
	You become what you think about.	JM	JM	JM	JM		
	Weekly Review & Credit						
	Necessity is the mother of invention.	JM	JM	JM	JM		
	Don't judge by the harvest you reap but by the seeds that you plant.	JM	JM	JM	JM		
	The man who has no imagination has no wings.	JM	JM	JM	JM		
	Imagination is your preview of life's coming attractions.	JM	JM	JM	JM		
	Logic will get you from A to B. Imagination will take you everywhere.	JM	JM	JM	JM		
	Weekly Review & Credit						
	Reality is for those who lack imagination.	JM	JM	JM	JM		
	Don't go through life. Grow through life.	JM	JM	JM	JM		
	You will never be brave if you don't get hurt.	JM	JM	JM	JM		
	You reap what you sow.	JM	JM	JM	JM		
	Sometimes you win, sometimes you learn.	JM	JM	JM	JM		
	Weekly Review & Credit						
	Asking is the beginning of receiving. Receiving is like an ocean. Don't go there with a spoon.	JM	JM	J	JM		
	Perception is awareness shaped by belief.	JM	JM	J	JM		
	Ideas are worthless unless we act on it.	JM	JM	J	JM		
	If you do what is easy, your life will be hard. If you do what is hard, your life will be easy.	JM	JM	J	JM		
	Action is character.	JM	JM		JM		
	Weekly Review & Credit						
	Still waters run deep.	JM	JM	J	JM		
	You can't see the picture if you are in the frame.	JM	JM	J	JM		
	Never give up. There is no such thing as an ending. Just a new beginning.	JM	JM	J	JM		
	Pain is weakness leaving the body.	JM	JM	J	JM		
	Don't quit. Suffer now and live the rest of your life as a champion	JM	JM	J	JM		
	Weekly Review & Credit						
	The only difference between a good day and a bad day is your attitude.	JM	JM	J	JM		

图 4－1　附有每日活动便签的第一张卓越之旅计划表

注：第一周之后不久，我就把“每日目标”改为“每日名言”。

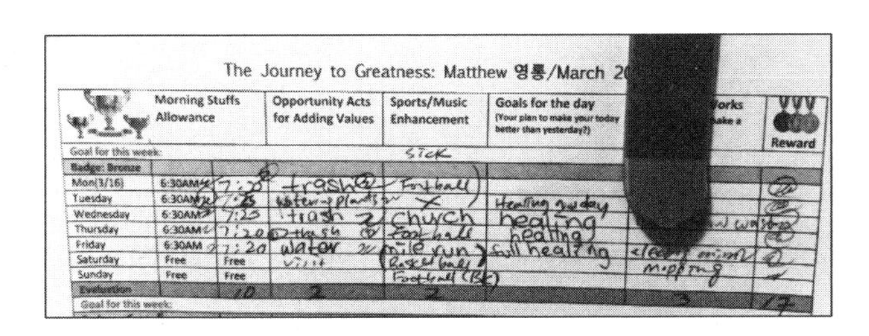

图 4－2　马修的第一张卓越之旅计划表

注：马修当时感冒了，所以一连几天他的目标都是“感冒要赶快好起来”。

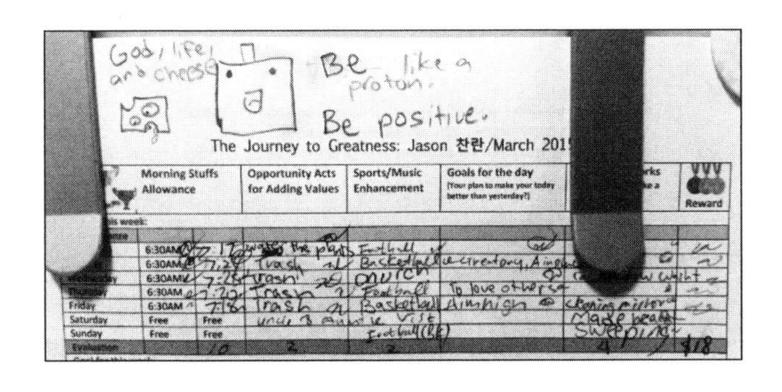

图 4－3　杰森的第一张卓越之旅计划表

注：我特别喜欢杰森把“爱别人”当作目标。

目前，卓越之旅计划还在进行中。通常我会让他们在出门之前大声朗读当天的背诵内容，这样他们就有一整天的时间去记忆。晚饭之后我会要求他们背诵，直到他们能够做到百分之百正确。这些励志名言可以在本书的附录部分找到，也可以在网站（https：//moneymasterkids. co）下载。

卓越之旅计划顺利进行。放学回家后，两个孩子先做运动，然后想方设法做更多“领袖的选择”类工作。在加油站帮我擦车窗，在家里擦镜子、擦玻璃、扫地、拖地。杰森甚至会在周六早上早早起床，为全家煎鸡蛋。有几天，我看到他们在 Youtube 上收看爸爸推荐的布莱恩·崔西的节目《提升个人能力的 10 种方法》，并且一边听一边做笔记。他们是在为登顶名人堂做计划吗？让我们拭目以待吧！

我注意到，在卓越之旅计划中，他们最大的变化是——更清楚自己在做什么，以及为什么要这样做。最重要的是，他们在主动伸出援手，在给别人提供服务的过程中，理解了领导力的含义。而且，他们也慢慢喜欢上了帮助别人、为别人服务。

我知道，两个孩子都想得到这笔可观的奖金。然而驱动他们的却不仅仅是对奖金的渴望。他们明白了做这些事情的意义，明白了在清晰目标的指引下，每一天的生活都会过得更有价值、更有收获。

新计划开始后的第一个星期三，杰森和马修参加了教会青年团组织的活动。在这次活动上，大家一起讨论了该走“大部分人都选择的阳关大道”还是“少数人选择的小路”，以及不同的选择对日常生活的影响。

杰森说：“这有点像大家对待闹钟的态度。闹钟上有两个按钮，一个宽大的贪睡键，一个小而窄的开/关键。清晨被闹钟叫醒的时候，有些人会一次又一次地按下贪睡键，直到不得不起床。因为一次又一次地不停按键，他们浪费了很多宝贵的时间。当我们已经在做重要的事情的时候，很多人还在一直睡，一直睡……等他们醒来时，已经浪费了很多时间，错过了很多机会，也错过了生活中很多精彩的事情。”

杰森的观点深得我心！我希望这是他从我设计的卓越之旅计划中学到的。不过，不管他从哪里学到的，重要的是他接受了这样的观点，从而变得更有智慧，也成了自己生活的主人。

《圣经》上说，我们的孩子将会不断面临生活的考验，他们将会面临走“大路”还是“小路”的选择。但是，如果在小时候他们就知道自己有能力达成目标，做出正确的决定，那么，当他们长大成人进入职场后，会在管理财务和管理他人时为自己设定同样的标准。

贴心提示

在孩子的能力范围内为孩子设定高目标，目标越高，他们获得的奖励就越多。

第五章　健康理财习惯之五
——在游戏中学习个人理财

英文古谚语说："需求是发明之母。"遵照这句谚语的精神，我结合给两个儿子进行理财教育的需求，发明了一系列游戏。

在杰森和马修上三年级的时候，我开始制订计划，目标是为他们成年后有能力处理实际的个人财务做准备。为此，我想让他们体验一下兼职、给别人打工、自己做生意、管理客户及成功人生。

我相信在我的帮助下，这两个八岁的男孩如果能够在安全的家庭环境里应对各种问题，那么他们就有足够的能力应对找工作、赚钱、支付账单、维护客户关系，甚至是自己做生意的压力。

所以我想给他们提供一个训练场所，在这个训练场所里他们可以试错（不会有真正意义上的金钱损失），却依旧能获得跌倒后再爬起来的体验。我希望他们有机会感受压力，学习管理压力，学习如何为未来做出正确的决定。

于是，为了激励两个儿子，我设计了新的计划——理财阅读计划，这也是我为他们设计的第二个写作和出书计划。

理财阅读计划

杰森和马修已经有很多事要做：学校活动、完成作业、打篮球、上空手道课和游泳课，以及参加教会活动。除此以外，他们还要完成清晨内务计划以及特别奖励计划中的各种事情。即便如此，我还是要增加这个新计划，因为这个计划非常重要。

与以前一样，在我公布新计划的那天晚上，我们全家围坐在餐桌前开会讨论。我公布理财阅读计划之后，详细解释了计划如何实施规则。

“这个计划目标远大！”我跟两个儿子说，“对你们这个年纪而言很有挑战性。这是一个关于学习个人理财的计划。”听到我这么说，他们俩非常激动，又有些紧张。每次我公布新的计划，他们一开始都会有点紧张。但当他们发现新计划并没有想象中那么疯狂时，也就会慢慢放松下来。

你家的小朋友可能也是一样——刚接触一个新计划、新想法，第一反应可能是紧张，甚至是抗拒。但是如果这个想法以积极的方式呈现——计划带来的好处吸引了他，那他的反应和表现会让自己和你都喜出望外！

“这可是一个很大的计划，”我说，“当然，回报也非常丰厚。”

“妈妈，有多大啊？”他们几乎是同时问我。

“这是个价值300美元的计划！”然后我手指着窗外，“你们可以尽情发挥。”杰森和马修看着我，惊讶地大张着嘴。

“计划是这样的：针对一个话题写满一页，每页就是 10 分，等于 10 美元。”

“妈妈，写什么内容呢？”

“写与赚钱相关的事情！你们写文章，我把这些文章汇总，然后我们一起出一本书！是不是很酷？写满 10 页，就能得到 100 分，也就是赚 100 美元——如果你写 30 页，你就得 300 分，也就是赚 300 美元。书出版之后，你们就能拿到这笔钱。”

他们俩沉默了一会，可能是不敢相信能赚到这么多钱。我明白他们这种无声代表什么意思，不过我并不打算说服他们，也不期待他们俩立即对这个计划产生兴趣。

“每周我会给出两个题目，发到邮箱里。你们需要在每周六之前写完，写完之后再用邮件发给我。每个周六日我都会检查你们的作文，然后根据你们俩的总体表现打分。这个计划就这么简单。去享受写作的乐趣吧！儿子们，你们会爱上写作的！”汤姆斯非常支持我的想法，也帮助我鼓励两个儿子，鼓励他们俩努力达到最高水平。

作为一个母亲、一个作家，这个理财阅读计划让我特别兴奋。因为在这个计划中，我有机会窥视两个儿子的思想——他们俩神秘的、未知的世界。

作为家长，在给孩子设定目标、把孩子推出舒适区的时候，必须要有孩子将面临挑战的心理准备。因此，家长要鼓励孩子，相信他们能做到。

当父母以自信的状态鼓励孩子去达成更高的目标时，孩子的大脑会被高目标、高期望值所激励，他们自己也会期望成功，即使需要付出很多努力。

在这里，我要再次强调，这个计划的目标是：根据孩子付出努力的大小来决定奖金的幅度。所以设计奖金数额时，要参考自己兑现承诺的能力。对于一个三年级的孩子来说，300 美元是很大一笔钱。甚至对很多当了父母的人而言，在他们 30 多岁的时候，300 美元都是很大一笔钱。我写这本书的时候，杰森和马修 11 岁，他们写的书还没有出版。等到书出版了，他们就能拿到我承诺的 300 美元啦！你给孩子设计的计划可以与我的不一样。所以，请发挥你的创造力，设计符合家庭情况和预算的计划，然后通过这个计划来培养孩子的责任心和能力。

开启金融学习的三维世界

你们可能想问，理财阅读计划跟之前的神奇阅读计划有什么区别呢？

神奇阅读计划的目标是让孩子读书，写读书报告。所以在神奇阅读计划中，孩子想读什么书，就可以选什么书。而理财阅读计划则聚焦个人理财方面的书籍和内容，互联网上有很多这样的资源——互动游戏，理财相关的视频、文章，以及金融理财专家的传记。

在开始理财阅读计划之前，请先实行清晨内务奖励计划和特别奖励计划。如果孩子在这两个计划中取得了成功，再实行理财阅读计划。理财阅读计划能够给孩子一个新的目标，帮助孩子享受阅读理财类书籍和写作的过程。

在这里需要注意的是：在计划实施的过程中，父母要跟孩子充分沟通，确保孩子全心投入这个计划，而不是像完成任务一样完成阅读和写作。写作时如果没有深度的思考，就如同在二维世界里画圆。虽然孩子享受了画画、涂色的乐趣，画出了各种各样的圆，但是不管孩子画的圆是什么颜色的，或大或小，都只是看着很漂亮。因为这些圆是二维的圆，不能像三维球体一样，拿在手里把玩。

在阅读过程中，如果孩子们只是简单地读、写，不做任何调查和分析，就只能肤浅地理解书中的内容。所以家长如果想要孩子突破二维世界，就需要投入更多的时间和精力。虽然二维世界很精彩，但是三维世界更精彩！我们都喜欢三维世界，而理财阅读计划就像阅读和写作的三维世界，一个建立在阅读和写作技能之上的三维世界。

我是个母亲，又有幸在个人理财领域工作，所以我希望为孩子们创建一个安全且配有专业指导的三维金融理财游乐场。在这个三维金融理财游乐场里，两个孩子可以玩转金融理财世界相关的游戏，探索金融理财世界，学习与金融理财相关的新鲜知识。在三维的世界里，他们画的不再是二维的圆，而是三维的球。三维的球可以拿在手中玩，这就为整个学习过程增加了第三个维度——深度。而在现实世界的学习中，这个深度包括几个层面，比如时间管理、来源分类和利润率。

对孩子来说，复杂的金融理财概念和运作规则不容易理解。所以在本章我会介绍一些学习工具和方法。这些工具和方法来自互联网，有趣、有效。利用这些有趣的工具和方法，我们可以为孩子创建一个学习金融理财的游乐场，而这个游乐场将带给孩子大量财富。

我告诉杰森和马修："在这个游乐场里，只要记住一个简单的规则——每周看电子邮件，根据我给出的指导行动，付出你的最大努力。"

早在两个儿子一年级的时候，我就帮他们注册了电子邮箱。过去我经常会给他们发一些鼓舞人心的话，现在是他们主动使用邮箱的时候了。理财阅读计划启动之后，在我的第一封邮件里，为了搞清楚两个孩子对钱的看法，我问了两个问题：

第一，钱是什么？

第二，为什么为将来存钱很重要？

过了几天，我收到了杰森回复的邮件："有钱可以买来好东西，有钱可以过上好日子。退休以后需要足够的钱生活，所以为将来存钱很重要。"

退休？杰森能在这么小的年纪就想到退休，实在让我赞叹不已。

他接着写道："我会把一部分钱存在银行，一部分留给自己花，拿这部分钱给爸爸、妈妈和家里其他人买礼物。比如，我可以买瓶香香的古龙水送给爸爸做礼物。"

我想起前一年的圣诞节，杰森和马修想方设法攒够钱给爸爸买了一瓶叫"克朗琴"的古龙香水。每次汤姆斯喷香水的时候，两个儿子都喊："爸爸，这个真好闻！"

予人玫瑰，手有余香。关于这一点，我们会在第七章重点讨论。通过这件事，我想让大家了解，如果孩子知道自己有能力影响他人，他们会非常有成就感。

"我计划到我上大学的时候，存够10万美元。妈妈会给我做一个钱包，我把钱放在妈妈做的钱包里。妈妈会给我买个青蛙存钱罐，不过我会用它换马修的熊猫存钱罐。"

看到这些稚嫩的文字，我对着电脑哈哈大笑。我看到了我的努力带来的成果，我仿佛看到一道金色的光洒在我的身上——杰森完全是在正确的轨道上，朝着他的目标一步步前进。

马修的回复是什么呢？“好的，我来说说我对钱的理解，”马修说，“钱就是来买日常生活用品的嘛！”

他接着说：“爸爸、妈妈每周都会给我零花钱，这些钱都去哪儿了呢？我的银行账户！我帮爸爸、妈妈干家务活，爸爸、妈妈就会给我零花钱，甚至连我刷牙都能赚到钱！不过我把一半的钱都放到储蓄账户里，另一半放在消费账户里。消费账户里的钱用来买礼物和日常用品。妈妈的生日和去年的圣诞节，我给妈妈买了两个手镯。”

是的，他给我买了两个手镯。他存够钱，去两个我最喜欢去的店里买了两个漂亮的手镯给我。买礼物的时候马修用自己的钱结账，结账的时候他感觉特别自豪的一幕仿佛就是在昨天。

“我存的钱是为上大学准备的，那万一我考不上大学呢？好吧，跟大家一样，先把一年级读下来！这就是为什么一年级的课桌那么小——因为它不是为成年人准备的！但是如果我获得了大学奖学金，我存的大学基金要用在哪里呢？我想我可以给家人买食品，或是捐给贫穷的国家。所以，我要节约，不浪费我得到的东西，节约我的每一分钱，因为省下的就是挣到的。”马修继续说。

看到这里，我便放心了。马修对待钱的态度很健康，而且有一定深度。他也让我更加相信，父母对待钱的态度决定了孩子对待钱的态度。

收到邮件的当天晚上，我给杰森和马修反馈，并给他们的论文评分。及时的正面反馈给了他们继续前进的动力。

这些发生在我两个儿子身上的事很有意思，也很说明问题。这些事告诉我们，每个孩子都在用自己独特的方式看世界。也就是说，每个孩子都会通过自己独特的方式学习。对某个孩子有用的方式，对另外一个孩子不一定有用。本书介绍了各种计划，你可以判断哪一个适合自己孩子的性格和能力。当然，你也可以根据自己家庭的价值观、需求和预算做出适当调整。

与孩子沟通的时候，家长要多问一些能让孩子思考的问题。他们会讲出最令你意想不到的想法！听完孩子的想法，就会想知道他们的这些想法都是从哪里来的，他们又是从哪里学到这些的。

第一，钱是什么？为什么存钱那么重要？

第二，你要如何在市场上赚到钱？

第三，如果父母不给你零花钱，你要怎样赚到钱？

第四，如果现在你有 100 万美元，你想做什么？

第五，对你来说，上大学的意义是什么？你如何为上大学存够学费？

我问了两个儿子同样的问题，下面是杰森的部分答案：

"在目前的市场上，赚钱的方式有两种，一是找到一份工作，二是干家务、打零工，我的选择是后者。我通过干家务、打零工赚钱。平常，我干的家务包括倒垃圾、扫落叶、浇花，还有修剪灌木丛。因此，如果我每周干 5 次家务，并能在 7：30准备好出门上学，我就能得到 7 美元。为了得到 7 美元，我需要展现出我的领袖风范，在没有别人督促的情况下做完工作，写出高水平的报告，把床收拾得干净、整洁。

"不过，如果我不能从爸爸、妈妈那里赚到零花钱，我就要帮别人打零工挣零花钱。我可以帮别人洗车、扫地、提重物、修剪草坪和灌木、种花或者帮朋友做饭。我的邻居凯丽阿姨可能愿意让我帮她干点零工，给我点零花钱。

"对我来说，钱是赖以谋生的工具。如果没有钱，什么都买不了；没有钱，理财计划难以实现；将来也没有钱好好地照顾自己。对我来说，钱就是通向成功人生的钥匙。如果你有很多钱，你应该把它存起来，不能都花掉。有的人总是买、买、买。这是不对的！你要存钱，即使要你放弃自己现在特别想要的东西，你都要存钱。这样等到你退休的时候，你就会很开心，因为你的账户里有足够的钱。把一部分钱存在银行，然后把一部分钱转到理财公司做投资赢利。等我退休的时候，我会有很多钱。

"如果我有 100 万美元，我会拿出一部分带全家人去旅行，去巴黎、意大利、夏威夷、埃及和韩国。我会租下一个酒店，邀请家人一起享受一段美好时光。剩下的钱我会放在一个地方做投资，为下一次的旅行做准备，这样，我们一家人就会一起度过很多美好的时光。"

在关于大学的文章里，马修把与大学教育相关的数字写得非常具体：

"在美国，上大学是进入中产阶级的一个跳板，但是大学学费非常高，读大学需要付出一定的代价。大学学费一直呈上升趋势，所以要尽早开始储备。读社区大学的学费是每年 7 000 美元，私立大学的学费是每年 35 000 美元。这些都不是小数目，不过如果能早早开始存钱，到时候压力就不会太大。

"说实话，我有点害怕上大学。我的意思是，我不知道我怎么才能存到那么多钱，存那么多钱就够了吗？还有太多事情需要我去考虑。但是别害怕，哥们。如果能早早开始存钱，然后用存的钱去买股票，我保证你能存够上大学的钱，不过你要努力学习，那样你就有机会免费上大学啦！

"如果你问我心目中的理想大学是哪一所，我觉得普林斯顿是最好的大学，只是普林斯顿的学费好贵啊。2013—2014

年的学费是56 750美元。但是别忘了，学费会一直涨哦。上大学非常重要，因为大学教的东西比高中教的东西多多啦！找工作的时候，如果你拿出你的硕士毕业证书给公司老板看，那老板就很有可能给你一个很重要的职位，因为你受过很好的教育，你值得他信任。"

一个八岁的孩子，是怎么知道大学的学费和花费情况的呢？在他写这篇文章之前，我发给他一个网址链接让他去研究。而他们想去普林斯顿大学读书的想法又是从哪里来的呢？那是因为从杰森和马修两三岁开始，我就经常跟他们讲，普林斯顿大学是全世界最好的大学之一。

普林斯顿大学的确是世界顶尖大学，但是谁又能预知未来呢？我们家这两个孩子，谁也不能确定自己长大以后一定可以上普林斯顿大学，普林斯顿大学可能不会接收他们入学。但这些都不是问题。因为已故作家克莱门特·斯通曾说过："如果你瞄准月亮，即便没打中，你也可能击中一颗星星。"

为了帮助杰森和马修完成我为他们设计的一个个计划，我给他们推荐了一些财经类网站。他们常常浏览这些网站，在每个网站上都可以学到新的知识。这里，我也推荐以下网站给大家，我个人觉得对我两个儿子很有帮助。

注：在写作和出版本书的过程中，我常常参考网站上的内容。现在有些内容可能已经更新。你可以借助这些网站上的内容，让孩子的财商学习变得更有趣，而财商的培养会让孩子终身受益。

1. 克利夫兰联储银行

网址：www. clevelandfed. org

这是一个很棒的网站——非常有趣且教育功能强大。点击“Learning Center”进入菜单顶端的“Money Museum”，开始你的探索吧！这里大部分的信息都很实用，通过在线互动游戏也能学习很多东西。杰森和马修都很喜欢“Escape from Barter Islands”（逃离易货岛）。这个游戏很有意思，通过实物交易促使人去思考，思考钱在经济体系中的作用。

这个网站上值得尝试的游戏还有：

Money Word Search（货币词汇搜索）

Great Minds Think：A Kid's Guide to Money（聪明的脑袋会思考：孩子的财富导航）

Explore Money from Around the World（世界各地货币探索）

2. 儿童算数游戏

网址：www. kidsmathgameonline. com

我很高兴我没有略过这个网站，因为它不是关于个人理财的，而是一个数学网站，所以我曾犹豫要不要推荐给大家。不过最后我还是决定把它加在本书中，因为这个网站设计了大量的数学游戏、互动学习活动和各种有趣的数学资源来教孩子加、减、乘、除。

这个网站上有很多特别有趣的、与钱有关的游戏（在下拉菜单上点击“Money”），比如说“咖啡店”和“柠檬水铺”。通过这些互动游戏，杰森和马修开始做生意，收获了当老板的绝佳体验，也留下了难忘的回忆。下面我给大家讲讲他们开店的经历。

咖啡店

杰森和马修先是试玩了“柠檬水铺”，这个游戏太简单了，对他们来说就是小菜一碟。但是开始玩更高阶的游戏——“咖啡店”之后，我观察到小哥俩开始有些吃力——好戏上演了。他们好像并不知道如何做出好咖啡，如何让顾客满意，更不知道如何从生意中赚钱。他们一次次尝试，却一次次以失败告终。

起初，杰森是自己玩这个游戏。但是他并没有得到他想要的成功。他这样记录第一次创业的经历：

“我开了一家咖啡店，取名‘咖啡杯’，做生意真没那么简单。天热的时候，如果有人来喝咖啡，我会降低咖啡价格（大约 2.59 美元一杯）；天冷的时候呢，我就提高咖啡价格（大约 3.56 美元一杯），因为天冷的时候人会更想喝咖啡。我必须要保持低价，因为我发现价格低就能有更多顾客，如果顾客多，我最后赚的钱比只有一个顾客买一杯 5 美元的咖啡多得多。我需要准备一定量的杯子、糖、咖啡和牛奶，差不多是 50 个杯子、20 勺咖啡、20 勺糖和 40 份牛奶。”

后来，汤姆斯和我都分别登录网站，帮助他们打理小店的生意，但是好像也没有帮到他们。看，父母也不是总能给出正确的答案！

之后马修又跟爸爸合伙经营，可是咖啡店的生意还是不好。他用文字记载这段令人沮丧却值得回忆的经历：

“2013 年 6 月 8 日，我和爸爸一起玩‘咖啡店’这个游戏。我们的创业基金是 30 美元，游戏的目标是在 14 天内赚到尽可能多的钱。我们花了太多钱买杯子，因为买了太多牛奶，牛奶常常坏掉。天气冷的时候，我们就把价格调高（4美元一杯），天热的时候又把价格降低（1美元一杯）。但是我们的库存一直很低，所以后来顾客们就买不到咖啡了。14天之后，我们赚了50美金。如果不是买了那么多杯子，浪费了那么多牛奶，这14天里我们还能挣得更多些。”

最后，马修和杰森决定组队联手经营。我告诉你——联手经营也不容易！他们取得了成功，但成功之前也经历了很多失败。但是最后，他们觉得花时间玩这个游戏很有价值，因为他们感受到彼此之间的爱与支持，并且一起创造了很多美好的回忆。

杰森写道：“今天‘咖啡店’游戏玩得不太好。因为我的库存一直告急。东西快卖完了，但是还有很多顾客在等。如果我事先准备更多的牛奶、糖、杯子和咖啡，我今天赚的钱一定超过7美元。因为在我的库存足够每一个进店的顾客都能买到咖啡的情况下，我赚的钱都远远不止四五美元。我觉得应该多存点钱来应对特别冷的天气。天冷的时候，很多人都会来买咖啡，我和马修就不会没钱进货。顾客都说价格很合理，所以我们应该保持库存充足，保证不脱销，尤其是在天气特别冷的时候。”

马修写道：“2013年6月5日，妈妈建议我跟哥哥一起组队玩游戏，这个游戏叫‘咖啡店’。我们的启动资金是30美元，目标是赚60美元。开始，我们储备了少量的杯子和牛奶，因为库存少，所以很难赢利。我们尝试增加库存，但是新问题来了——咖啡、牛奶开始变质，白糖招来了蚂蚁，接着杯子又不够了，我们又花了一笔钱买杯子。玩到最后，我们只赚到11美元。我认为下次应该保证中等规模的库存，每种材料都准备20份。很多顾客都觉得我们的咖啡价格合理，味道也不错，所以我们的咖啡店口碑很好。虽然事情没有按照我的预期发展，但是我喜欢跟哥哥一起工作……"

"我喜欢跟哥哥一起工作……"这句话我读了一遍又一遍，心中涌起一阵阵暖流，你们懂的，对吗?

作为妈妈，我最关心的不是八岁的儿子学会了经营咖啡店，而是他们学会了团队协作，学会了在错误中成长，学会了感恩彼此，学会了在困境中互相支持。

"咖啡店"这个游戏真是太棒啦！我特别想把它推荐给低龄儿童的家长，因为这个游戏真的会让孩子思考。由于游戏特别有趣，孩子们会努力找出解决方案。去年，杰森和马修又玩了一次这个游戏。这次，他们很快就明白了里面的道理，难以相信以前玩这个游戏的时候怎么那么难，这次玩起来却如此轻松（这就是为什么我要推荐给低龄儿童的家长）。

3. 儿童政府

网址：http：//kids. usa. gov

这个游戏也很赞，因为它为低龄小朋友、十几岁的青少年、父母和教师专门设计了不同的版本。不同工种——从饲养员到白宫主厨的视频都可以在这个网站上找到。你可以让孩子在这个网站上四处浏览，多方探索。这个网站上还有一个制作美元的视频，我也将它作为阅读项目的一部分，两个孩子都觉得很有趣，同时他们也轻松学到了关于美元制作的知识。

4. The Mint. org

网址：www. themint. org

The Mint. org 也是我们在学习中经常使用的一个网站。这个网站让学习金融变得更加有趣！网站上的内容针对不同的年龄阶段分儿童、青少年、父母和教师版块。在儿童金融版块，杰森和马修测试了自己的财商，学会了最基本的财务概念——挣钱、存钱、花钱和捐钱。

在这个网站上，孩子们可以学到如何分配自己的钱——存钱、花钱、投资、捐钱等。如果你家孩子刚巧是十几岁，那就太幸运了。这里有很多专门为十几岁孩子设计的版块，从基础金融知识的学习，到如何获得个人财务自由都有涉及。我觉得，整个网站的内容都值得你进行地毯式的探索，一项一项、一页一页点开去探索。

下面是杰森在这个网站上学到的内容："今天我学到了有关'富豪'的知识。富豪通常都是企业家，而不是靠中彩票一夜暴富的穷人。通过中彩票成为富豪的概率是一百七十亿分之一，还不如你被雷击中的概率高——九十亿分之一。"

马修说："我发现富豪也是普通人，不过他们选择比别人做得更好，选择去获得成功，选择去做别人看来做不到的事情。富豪通常是很努力的人。富豪不一定用豪车和豪宅来显示身价，也不是所有事都让别人帮他们做。富豪的言行不一定浮夸、夺人眼球，也不一定因为有钱就买奢侈品。他们注重理性消费，也注重高效积累财富。"

刚刚 8 岁，两个孩子就学了很多金融相关术语：

☆ 在支票的背面签字叫作"背书"

☆"紧急备用金"是一个储蓄计划，目标是应对难以预估的支出

☆ 使用信用卡的弊端：可能会增加你的"冲动消费"

☆ 401（K）养老计划以税前收入为基数

☆ 通常情况下，存款证的"到期日"为 3 个月、6 个月

或者 12 个月

☆“蓝筹股”是指财务状况良好的大公司发行的股票

这些术语，8 岁的孩子究竟懂了多少，不是我最关心的事情。让我激动的是，这些信息都会储存在他们的潜意识里，将来有一天需要的时候就会自然浮现。

5. 实用的理财技巧

网址：www. practicalmoneyskills. com

我逢人便推荐这个网站。这个网站上有丰富的实用信息和实操工具，简单易懂，完全可以随学随用。这个网站的内容覆盖金融生活的各个方面——从储蓄、教育、大学直到退休金储备。在我给孩子们设计的计划中，这个网站上几乎每一个页面都有内容被我采用。

这个网站还提供很多酷酷的游戏，让孩子在玩游戏的过程中提升财务管理能力，加强对财务基础知识的理解。杰森和马修喜欢快节奏、互动性强的游戏，比如橄榄球或者足球。下面列出的是我认为最有趣、最实用的游戏：

☆ 现金拼图

☆ 财务足球

☆ 财务橄榄球

☆ 金钱大都会

☆ 储蓄之路

☆ 彼得猪的点钞机

☆ 退休倒数计时

玩“金钱大都会”游戏的时候，马修说他学会了更高效的存钱方式——找到更好的工作。他写道：“我的第一份工作是清扫落叶。开始的时候，我用耙子把所有落叶都归拢到一堆很费时间。不过每次清扫完落叶，我都能得到10美元的报酬。没多久，我就存够钱并买了一台吹叶机。用吹叶机赚钱就比用耙子赚钱容易太多了。同样的时间，我赚到的钱是以前的两倍。除了清扫落叶，我也可以选择其他的工作，比如除草、送报、帮别人照顾小孩、在加油站给车加油。但我没有选那些工作，因为没有像吹叶机一样得力的工具能帮我轻松赚钱。我选择清扫落叶的关键在于：开始的时候努力工作，多花些精力，但后面就轻松许多，还有很多休息时间。”

杰森那边则是另一番景象。为了赚钱，他一会儿干这个，一会儿干那个，很是辛苦和忙碌。后来，他从马修那里学到了少花时间、少干活、多赚钱的秘密。除此以外，他还学聪明了——利用别人的智慧帮助自己取得成功。他写道：“为了赚钱，我干了很多杂活儿——清扫落叶、帮别人照顾小孩、到加油站给车加油。给车加油尤其困难，因为我需要在很短的时间内给20辆车加满油。因为难度大，所以我只干了一两次。我经常帮邻居照顾小孩，因为我手脚麻利，所以照顾小孩对我来说不难。但是如果屋里各种电器同时响起，我怕吵醒孩子，要快速地一个一个关掉的时候就有点难度了。”

他又写道：“后来，我买了吹叶机。开始，我存的钱不够。我听马修说他靠清扫落叶赚到了钱，还用赚到的钱买了吹叶机。我也想买个吹叶机。所以我攒了40美元买了一台。我投资买吹叶机，是因为用吹叶机比用耙子快太多了，大大提高了我的工作效率。同样的一堆叶子，如果用耙子，需要3分钟才能归拢到一堆，而用吹叶机3秒钟就完成了，3秒钟就赚到了同样的钱啊！”

6. 秘密富豪俱乐部

网址：www. smckids. com

在这个网站上，你的孩子能接触到沃伦·巴菲特——全世界最富有的人之一！在总共26集的动画片里，巴菲特会指导一群有商业头脑的孩子去解决各种不同的财务问题，每一集解决的问题都不一样。杰森和马修很快就把26集全部看完了。因为每一集都非常有趣，他们俩看得停不下来！

7. 美国货币

网址：www. newmoney. gov

如果你想让孩子系统地学习美国货币知识，美国货币网是你的不二之选！杰森和马修在这里学习了美国货币的历史，比如各种面额的美元都是什么样子的，不同面额的纸币上印着谁的头像。在这里，孩子还可以学到许多有趣的美元知识，比如美国从1877年开始印发货币，1957年纸币上第一次被印上“In God We Trust（我们相信上帝）”的字样。

在学习货币知识的过程中，如果家长不想办法增加趣味性，增加互动，孩子可能很快就会失去兴趣。为了增加趣味性，我让两个儿子把所有面额的美元纸币都画下来，然后把印在纸币上的伟人名字写在旁边，从$1到$100 000，一张不落。画完纸币，写好伟人名字之后，我立即对他们进行了快速小测试，帮助他们巩固刚刚记住的知识。下面是美元纸币上总统的名单：

☆ $1. 00：乔治·华盛顿

☆ $2. 00：托马斯·杰斐逊

☆ $5. 00：亚伯拉罕·林肯

☆ $10.00：亚历山大·汉密尔顿（他不是总统）

☆ $20.00：安德鲁·杰克逊

☆ $50.00：尤利西斯·格兰特

☆ $100.00：本杰明·富兰克林（他不是总统）

☆ $500.00：威廉·麦金莱

☆ $1 000.00：格列夫·克利夫兰

☆ $5 000.00：詹姆斯·麦迪逊

☆ $10 000.00：萨蒙·波特兰·蔡斯（他不是总统）

☆ $100 000.00：伍德罗·威尔逊

还有很多有用的网站，跟上面推荐的网站一样，既有趣又能让孩子们学到知识。你可以自己慢慢研究。不过如果你打开我推荐的网站，你就会慢慢被吸引，网站上的链接会把你带进其他类似的网站（你很可能会想玩一把网站上的游戏呢！）

当然，我也要提醒大家，不要低估这些网站的副作用。很多家长都抱怨，孩子总是想玩电脑。家长要注意引导孩子，让孩子将关注点转移到能学到知识的游戏上，这会带来三赢的效果：让孩子习惯使用电脑；教育你的孩子（和你）；与孩子建立团结协作的关系，学会用积极的态度来对待和管理个人财务。

有价值的问题

读到这里，你会发现我常常用励志演说家的演讲来激励两个孩子，但是这些励志演说家都是成年人，所以杰森和马修能百分之百听懂那些演讲的内容吗？不能。但是他们能理解演讲的核心观点，这样就给我们提供了一起探讨的基础。

励志演说家经常请你想象自己的未来。这个练习对任何一个人都很有价值。

下面这个清单包含一系列有价值的问题。这些问题会激励年轻人找到自己的真实想法和愿景。花点时间让孩子来思考这些问题吧！也许其中一个问题的答案在某一天萌芽，就成为孩子未来的事业了！

第一，列出你一生中想要完成的20件事。

第二，写下10件你能赚钱的家务活。

第三，今年你想赚多少钱？为什么？怎么赚？

第四，对孩子来说，为什么自己努力工作赚钱而不向父母伸手要钱这件事很重要？

第五，想象20年后的你自己——在哪个城市？住在哪里？做什么工作？跟谁在一起？

第六，现在，你愿意做什么让自己去到将来想去的地方，过自己想过的生活？

第七，描述你人生中最值得骄傲的10件事。

这个清单可以一直写下去！你也可以根据孩子的具体情况量身定制——发挥你的想象力，也可以设计一些好玩的问题哦！

父母的目标是激励孩子思考，鼓励他们去发现生活中更多的可能性，突破此时、此地他们所见、所想的限制。如果你以前没有跟孩子进行过这样有趣的问答，他们的答案可能会让你大吃一惊！因为他们的答案完全不受限制，可能会让你感动流泪，也可能会让你哈哈大笑。

在学习了一定的个人理财知识之后，杰森和马修在实际应用上迈出的第一步是通过玩财务类的网络游戏制订个人财务计划。当我们带着学到的理财知识和理念一起走进洛杉矶农夫市场时，他们会看到：面对生活中的诱惑，逻辑和智慧将如何应对。

贴心提示

进行个人财务写作练习和玩财务类网络游戏这两个方法，让孩子们在娱乐中学到生活中需要的知识和技能。跟孩子一起玩这样的游戏，也是一种对孩子的陪伴，让你在享受亲子时光的同时，跟孩子一起接受财商教育。

第六章　健康理财习惯之六
——体验真实世界

前几天我读到一篇文章，讲的是鹰妈妈如何训练小鹰学习飞翔。让我吃惊的是，如果小鹰一出生就跟妈妈分开，它永远都无法学会飞翔。

鲍勃·斯托，一位牧师在其名为《小鹰学飞》* 的文章中写道："如果一只小鹰一出生我们就把它带走，让它与父母分开，它只能像鸡一样在土里刨食。"离开了父母的指导，小鹰只能在附近的地上乱刨，没有谁会保护它。如果它不试着飞起来，它就只能待在窝里。那样的话，它们很可能成为某些野兽的猎物，或者在某个寒冷的夜里冻死。

因此，鹰妈妈要站出来，踢小鹰的屁股！它要一只一只地把小鹰从窝里推出去。因为鹰妈妈知道，只要在安全的地方待着，小鹰就学不会飞翔。一开始，小鹰从窝里被推出去，就一直向下掉，鹰妈妈会在小鹰落地之前接住它，把它带回

---

* www. eagleflight. org

窝里，然后再把它推出去，如此循环往复，直到最后它学会飞翔。这样的“推出去”，是鹰妈妈给孩子最珍贵的礼物。

同样，我们作为父母，也必须把孩子推出他们的舒适区——他们舒服的窝和他们熟悉的环境，这样才是真正对孩子好。我们的孩子就跟小鹰一样，不会试着去面对新事物,尤其是让他们不舒服、有挑战的新事物，除非我们像鹰妈妈推小鹰那样，给他们毫无商量地一推。孩子可能无法理解为什么妈妈这么狠心，但是我们心里明白，所以我们要不停地推。

这也是我几年前就决心要做的事情。我需要把杰森和马修推到真实世界的财务问题中去。他们在我为他们创建的舒适区里获得奖励、存钱、做预算，但是现在是他们离开这个舒适区的时候啦！他们必须学会“飞翔”！

一个星期六的早上，我告诉杰森和马修我们要一起去农夫市场，去市场里运用他俩学到的做预算和做消费计划的知识。我告诉他俩，只要在预算范围内，想买什么都可以。

“妈妈，什么都能买吗？”马修重复了一遍我的话，看上去很兴奋。

“对，什么都能买。”我点点头，向他们竖起大拇指。

那个时候，我们住在农夫市场附近，所以经常去市场吃饭、闲逛，享受属于我们一家人的休闲时光。那个农夫市场有一百多年的历史，在当地有着非常独特的意义。市场里有很多商家，卖各种美食和新鲜的农产品，为来自不同文化背景的人们提供各种食物选择。市场边上就是购物中心，里边的商铺出售各种玩具、糖果和礼品。购物中心还有高档店铺、餐厅和电影院。站在市场里放眼望去，总会有吸引你的东西，尤其是吸引孩子的东西——这些东西能掏空你口袋里的最后一分钱。

杰森和马修都很熟悉这个市场，所以当他们“雏鹰展翅”的时候，这个市场是最佳“试飞”基地。在这里，他们将用自己辛苦赚来的钱体验真正的经济生活。

那天早上，两个孩子把纸钱包装在口袋里，想象着在洛杉矶历史最悠久的玩具店消费的情形。两个人都觉得自己长大了！在去市场的路上，他们既骄傲又兴奋，我却有点小紧张。

穿过拥挤的农夫市场，穿过卖手工巧克力、贴画、纪念品的商铺，最后我们到达了玩具店——两个孩子的目的地。当我们越来越走近那些玩具的时候，杰森和马修也越发兴奋。从他们说话的声调、轻快的脚步和无法掩饰的笑容就可以看出，他们正经历着我们都曾经历过的心情——挥霍之前的兴奋！

杰森和马修第一次市场实践的目标是买一个梦寐以求的玩具，而我的目标是教会“我的雏鹰”预算和支出，而且要让他们体验到一点不安、一点恼火。

“今天的规则很简单。理性消费，开心消费！”我说。

不过，在放他们“飞”到那片充满诱惑的乐土之前，我要解释清楚两件事：一是买东西不能超出预算；二是他们要支付消费税。

“妈妈，消费税是什么？”杰森问我。

“消费税是每个人为自己购买的服务或商品多付的钱。举个例子：如果你今天买了玩具，玩具店会多收你一点钱，那就是消费税。玩具店会把消费税上交给政府，政府就用它来修桥、铺路、盖学校、建医院，修建各种我们每天都会用的基础设施。”

“那玩具店会多收多少呢？”马修又问，“这些够吗？”他给我看了看钱包里的钞票。

“哦，够了。不同地方的消费税税率是不一样的。一般来说，每次买东西多算 10% 的消费税吧。所以，如果你的玩具标价是 8 美元，那总价要再加 10% 进去，即最后支出 8.80 美元，明白了吗？”

我不希望他们被太多信息搞晕，所以只是简单解释了一下。“明白了，妈妈！”小哥俩一边欢呼，一边开始了在玩具店的寻宝之旅。那里有各种对小朋友充满诱惑的玩具：乐高、汽车、动漫人物模型、动力车、积木、拼砌套装、毛绒玩具、恐龙，还有篮球。简直就是天堂啊！

“妈妈，我能买这个吗？”每次哥俩看见好玩的玩具，都会问我。

“记住，这是属于你们的零花钱，你们自己挣来的，所以要理性消费哦。看清价格标签，如果你的钱足够，也够付消费税，你就可以买。”很多次，我都有点犹豫，但是我希望他们自己做决定，“记住要保存发票，这样你们就知道钱都花在哪里了。”

马修想买一只蓝色仓鼠玩偶，因为他的几个同学都买了。这个仓鼠玩偶价格 11 美元，含消费税在内。

他特别喜欢那个仓鼠玩偶，因为它摸起来就像一只真的仓鼠，叫声也特别像，特别可爱。杰森一直在那家店里玩那个仓鼠玩偶。哥俩一直都很想要一只小宠物，比如小狗、仓鼠或是小猫。但是他们俩只能远远地欣赏，因为我告诉他们等我们买了大房子，才能养宠物。所以这只可爱的、毛茸茸的小动物勾起了他们俩对宠物的渴望。看得出来他们俩都特别想要这个仓鼠玩偶，但是又都在犹豫。两个孩子目不转睛地看着仓鼠玩偶，一遍遍地按播放键，一遍遍地听它叫，开心得咯咯笑，还一边抚摸着它的毛，一边哼唱着花栗鼠之歌。但是最后，他们俩还是把那个仓鼠玩偶放回了架子上。让我特别佩服的是，即便他们那么喜欢仓鼠玩偶的声音、仓鼠玩偶的皮毛和仓鼠玩偶可爱的模样，他们最后还是选择不把它买回家。

“为什么不买那只‘仓鼠’呢？你们俩不是都喜欢吗？”我想知道他们的逻辑。他们俩的钱都够买那只“仓鼠”外加一个小玩具。

“因为太贵了，妈妈，”马修说，他看上去很不开心，他一只手攥着一块钱，另一只手抓着他的钱包，“我还是让南希姨妈或是艾米姨妈给我买吧。”

果然，马修还有一个B计划！他想用OPM（别人的钱）来让自己开心、满意。毫无疑问，他们拥有世界上最慷慨的姨妈！南希和艾米对两个外甥特别大方，而两个外甥也深知这一点！马修的“阴谋”真是让我忍俊不禁。

杰森在商店里转了几圈，有几个玩具他貌似还有些兴趣，但是最后他买了一个很普通的小玩意儿，还不到两美元。哥俩算了算消费税，然后结账，拿了发票，离开了玩具店。

我简直难以相信——两个8岁的男孩，居然没买什么好玩的玩具就走出了玩具店。一般情况下，孩子都属于冲动型消费者，看见就想要，想要就会买。杰森和马修特别喜欢忍者、乐高、砸画片（一种传统的韩国游戏）和神奇宝贝。这些游戏在学校特别流行，几乎所有同龄小朋友都在玩。

以前，两个孩子问叔叔、姨妈、祖父母、父母要玩具，过生日要，圣诞节也要。然而，要来之后呢，有的玩具被束之高阁，甚至包装都没打开，不仅浪费钱、浪费资源，也浪费了别人的辛勤劳动。他们并不在乎这些玩具花了多少钱。

但是那天在农夫市场，轮到自己掏腰包，花自己的钱，买自己想要的玩具时，他们俩突然变得特别认真，特别谨慎。

我们去农夫市场之前不久，杰森和马修才刚开始干活挣钱，刚体验到有钱的感觉。他们先是把钱存进存钱罐，后来放进纸钱包，最后分别存入储蓄账户和投资账户。这种财富累积的感觉虽然有一点点抽象，但还是会让他们俩兴奋，有成就感。可现在呢，如果买玩具，他们俩就会看到自己努力工作几个星期的收入转眼就到了别人那里，再也拿不回来，这种体验特别真实，给他们带来了巨大的冲击。这是他们的第一次购物体验，第一次拿着自己的钱给自己买东西，也是第一次运用意志力抵抗住了诱惑。

大约一年之后，我们全家去洛杉矶的一家韩国商场的杂货店买东西。那个商场有一个卖帽子的小店，我买水果和蔬菜的时候，看见杰森和马修在小店试戴帽子。我买完东西，看见杰森正在照镜子，欣赏他头上那顶漂亮的帽子。

“妈妈，你看！”杰森戴着一顶橘红色的平顶帽，帽子上有他最喜欢的品牌标识，“我可以买这顶帽子吗？”他笑着问我。

马修站在他身旁，听到他问我能不能买，立即皱起眉头，指着价格标签说：“妈妈，加上消费税，这个帽子要差不多30美元！”

“30美元？确实有点贵。不过钱是你自己挣的，理性消费哦！你带钱包了吗？”我希望他自己支配自己的零花钱，自己做决定。

杰森那天没有带钱包，而且他说需要点时间考虑一下，再决定要不要买。想了几天之后，他还是请我开车带他去那个商店。他对我说：“妈妈，我想好了，我真的特别喜欢那顶帽子。因为是大品牌，我可能会戴很多年，所以值得花30美元买回来。”

我同意他买了吗？我一个字也没说。那是他的决定，我必须尊重他。我们回到那家店，杰森用他的积蓄为心爱的帽子付了钱。那顶帽子他戴着很好看，杰森感觉特别自豪。

杰森买帽子那天，马修也想买。“我能戴一下吗？”他问杰森。杰森开始有点舍不得，那可是他新买的帽子啊，不过后来他还是同意了。马修试过之后，也特别想买这种时髦的平顶帽，有种都市嬉皮士的感觉。

只要是他喜欢的东西，质量又好，杰森不介意多花钱。而马修买东西的时候则更注重性价比。他说：“我也喜欢那顶帽子，但是我可不想花30美元买一顶帽子。妈妈，最近我们可以去一趟奥特莱斯吗？”

“行啊，不过可能要过几天哦。”我回答。我想让他冷静冷静，但是我能感觉到他蠢蠢欲动的心，他想马上买顶新帽子。

毫不谦虚地说，我特别会省钱。我从小就擅长找到超划算的东西，这让我获得了巨大的成就感。我喜欢逛奥特莱斯，用奥特莱斯的优惠券买东西。出行的时候，我总能从网上找到最便宜的机票，汤姆斯也跟我一样。两个儿子小的时候，我们常常用购物车推着他俩，逛购物中心、奥特莱斯、折扣店、工厂店，等他俩长大一点，就让他俩推着购物车，我和汤姆斯各处找各种超储的、清仓的、打折的品牌货。每次购物结束，我都会跟两个儿子击掌庆祝：“妈妈刚刚省了好多钱啊！”

所以当马修想为买帽子存钱的时候，他考虑的问题不是“我买得起吗？”，而是“怎样才能买到最划算的帽子？”。

他愿意等，所以我故意让他多等几天，然后带他去逛附近的奥特莱斯。他找遍了整个奥特莱斯，最后找到一顶跟杰森的帽子差不多的同品牌的帽子——一顶印着同样标识的绿色平顶帽。与杰森的帽子相比，他省下了大约65%的钱。

“妈妈，我省了好多钱啊！是不是超划算？”马修脸上带着胜利者的微笑，头上戴着那顶时尚的帽子，骄傲地走出那家店。

“是啊，省了好多钱！”我回答他，轻轻地拍了拍他的小脑门。

杰森也把马修的帽子拿过来试了试，他也很喜欢马修的新帽子。“马修，你的新帽子好酷啊！”他说。

我们到家之后，汤姆斯也赞许地拍了下马修的小脑门，说：“干得漂亮！”对于马修来说，那一天是属于他的胜利日。

作为父母，我们要给孩子花钱的自由，同时也要设立界限，帮助他们把钱花在对的地方。本书中提到的方法是让孩子通过劳动挣到钱，然后做预算。如果孩子做了错误的决定，花掉了自己辛辛苦苦赚来的钱，最后后悔了，那么这点损失是安全的，因为他失去的只是一小部分收入而已，但是他收获了珍贵的经验和教训。在未来的生活中，如果他一直坚守自己的财务规划，这样即便冒一点险，也不至于破产。

给孩子自由，让孩子在预算范围内支配自己的零花钱，让我想起“授人以渔”的概念。是的，有时候孩子会乱买东西，浪费钱，然后又后悔，但是在这个过程中，他们也慢慢学会了珍惜自己的时间和劳动，学会在冲动购物时进行权衡与克制。这样，他们就能学会如何在人生的深海中捕鱼。虽然大部分时间，个人财务世界的海洋美丽而平静，但有时也会出现预料不到的风浪。每个人一生中都会遇到各种事情，有好有坏，孩子也不例外。

孩子长大以后，会像小鹰一样，从安全的窝里坠落，面对各种现实的财务状况挑战——高额的学费贷款、信用卡账单、失业危机、失去抵押品赎回权、破产风险、生意失败、投资失误等。

有的父母常常对孩子说："爸爸/妈妈保证，永远不会让不好的事情发生在你身上。"但是，你确定吗？我们就像马林——《海底总动员》中的小丑鱼爸爸一样，对孩子过度保护。在电影中，马林的儿子尼莫意外地被人类捕捞，被人类从海洋的家带到了悉尼。在马林拼命寻找尼莫的过程中，他遇到了多利。马林对多利说："我曾经承诺我的儿子，我永远都不会让不好的事发生在它身上。"

"哦，你做不到的。你不可能阻止事情发生在他身上，"多利回答，"如果尼莫一生什么事都遇不到的话，他的一生也毫无快乐可言。"马林也意识到，多利说得有道理。我们必须正视这个事实——我们无法阻止困难降临到孩子身上，尤其是个人财务管理这件事。事实上，无论我们喜欢与否，孩子总是会遇到这样那样的事，甚至会经历挫折和危机，这是生活的一部分，也是成长的过程。经历挫折，重新调整可以东山再起。危机意味着风险，同时也蕴藏着机会。生活会一直继续，孩子会偶尔摔跤，这些都不重要，重要的是他们能很快爬起来再出发。

当年幼的孩子（甚至是已经成年的孩子）遇到困难的时候，有的父母会立刻伸出援手，把孩子拉出困境。这样做的后果就是：孩子永远都学不会自己飞，一次又一次重复着同样的错误。

美国传奇拳王穆罕默德·阿里说："不要放弃。熬过眼下的艰辛，之后你就可以带着冠军的荣耀度过一生。”阿里用他的一生向世人展示如何战胜痛苦，创造更美好的人生。

每当我们想起成功、自由和独立，脑海中出现的常常是美国白头鹰。白头鹰长寿、惊人的力量和庄严的外表使它成为美国的象征。白头鹰的体型、力量和凶残让它不必担心其他鸟类对它的威胁。这种具有传奇色彩的鹰视力超群，能够从高空轻松辨别猎物，精准捕捉。众所周知，在暴风雨来临的时候，大部分鸟儿都逃之夭夭，而白头鹰却能够借助暴风雨的力量，飞得更高。

你希望孩子像白头鹰一样搏击长空？还是像鸡一样在地里刨食？如果遭遇危险，谁能活下来呢？我相信，如果在孩子小时候父母就教他管理好自己的财务，把握自己生活的方向，就像鹰妈妈教会小鹰飞翔一样，孩子就能学会飞翔。白头鹰能飞翔，我们的孩子一样也能飞翔。

那一次的农夫市场之旅是杰森和马修第一次自己掌管自己的钱，第一次计算消费税，第一次购物后细心收好发票，也是他们第一次认真思考钱的价值，第一次战胜诱惑，战胜冲动消费。

对我们来说，偶尔花一点小钱会让心情变好，是对自己的奖励。当孩子自己掌管了自己的钱，他的心情也是一样的。在赚钱的过程中，孩子已经有足够的自信，能够用合理的方式来奖励自己。同时，他也学会了自己思考、自己做决定。

是的，孩子会复制父母的言语、行为和态度，模仿父母的慷慨、恐惧和对生活的期待。不过，只是看着父母做事还远远不够。深层次的快乐源于与别人分享自己努力工作获得的成果。学习与别人分享，让孩子体验到分享的快乐，是所有奖励中最符合人性需求的。我们的农夫市场之行并不是以孩子拿着给自己买的东西回家结束的，而是以他们心里装满与别人分享的快乐落幕的。下一章我们会讨论这个部分。

贴心提示

在孩子通过努力赚到钱之后，找一个安全的地方，在现实世界里检验他花钱的本领。给孩子自由，让他自己做决定，即便他买完之后很快就会后悔。

第七章　健康理财习惯之七
——回报，分享爱

还记得我第一次带杰森和马修去洛杉矶的农夫市场体验第一次“雏鹰飞翔”训练吧？你还记得那天发生了什么吧？对，刚到市场的时候，他俩都超级兴奋，可最后也没买什么特别好玩的玩具，只是买了几件小东西。逛了一整天，他俩钱包里还有很多钱乖乖地待在那里。

那后来又发生了什么呢？在我看来，下面这个故事是那天最有意思的部分。

从玩具店出来后，小哥俩都不大开心，有点小小的失望。不久，杰森就轻轻拉住了马修。“马修，你还有多少钱？”杰森一边问，一边看了看自己的钱包，“我们给妈妈买一杯咖啡吧！”

他们俩开始讨论买咖啡的时候，我走在他们俩前面，刚好路过我最喜欢的一家咖啡馆。周末休息的时候，我们全家在吃过素食水果早餐或是巴西烤肉大餐后，经常会到这个咖啡馆喝咖啡。

“好啊！”我听到马修说。他跑到我面前：“妈妈，您想喝榛果咖啡吗?”空气中弥漫着咖啡馆里新磨的榛果咖啡香味。

“当然想啊！”说着便牵着他的手继续走，“你知道我喜欢喝什么口味的。”

于是我们走进那家咖啡馆。他们俩点了我最爱的榛果咖啡，付了钱。咖啡做好之后，他们俩帮我加好牛奶和糖。当他们俩把那杯香甜美味的热咖啡递给我的时候，两个孩子脸上都洋溢着幸福的笑容。

我被此情此景深深地感动了，仿佛看见两只刚刚在财富管理界破茧的蝴蝶。那天，我细细品尝着我的榛果咖啡，感觉幸福极了。

初识分享的快乐

我们家的清晨内务奖励计划从马修和杰森 6 岁开始一直持续到现在。5 年过去了，早晨的安排并没有变化。他们 6 点起床，我根本不用催促，他们俩就能安排好早上的时间，高效完成所有事情，7：15 两个孩子就准备好出门上学了。

不过，自从开始赚钱，他们俩对钱的态度就变了。现在他们俩存钱罐里有钱，钱包里有钱，银行和投资账户里也有钱。有钱之后，两个孩子不是想要更多钱，而是开始想到别人，想与别人分享。他们开始感恩爸爸、妈妈给他们的爱和照顾，想用自己的钱给爸爸、妈妈买礼物。

“付出才是真正的拥有。”这是查尔斯 · 司布真牧师的名言。如果不教会杰森和马修付出，那我对他们赚钱、存钱和用钱的教育就是不完整的。我们实施清晨内务奖励计划和特别奖励计划的第一年，他们俩就用自己的钱给艾米姨妈和南希姨妈买了生日礼物。

艾米姨妈生日的时候，马修买了一个小小的维尼熊版的玩具自动售货机，作为生日礼物。生日宴会上，他把礼物送给艾米姨妈，姨妈灿烂的笑容让他心满意足。后来他告诉我，艾米姨妈的笑让他特别开心。过了一段时间，南希姨妈过生日的时候，他们俩又从折扣店给南希姨妈买了生日礼物，同样也得到了南希的灿烂笑容和感谢。

其实他们买的礼物都很小，不值钱。但是在两个姨妈眼里，那是全世界最好的礼物，因为是杰森和马修用自己努力工作赚来的钱买的。两个姨妈为两个外甥的慷慨感到骄傲。

杰森和马修学会了在预算范围内消费，也学会了给予的艺术和快乐。送别人礼物时，他们特别享受看对方收到礼物时开心的样子，这种快乐激励他们继续分享更多。

妈妈的生日愿望清单

“妈妈，你的生日愿望清单列好了吗？”

我们家有一个传统：每当生日或圣诞节等特殊日子，我们每个人都会写一个愿望清单，写好后贴在冰箱上，作为送礼物的参考。有趣的是，几年前杰森和马修达成共识，杰森负责给爸爸买礼物，马修负责给妈妈买礼物。他们一直坚持这个模式到现在。

那是 2 月的一个星期六的早晨，我跟马修一边踏着滑板车，一边在我们的新家附近熟悉环境，他突然问我：“妈妈，你想好今年要什么礼物了吗？”

我没有想生日礼物的事，只是单纯地享受与马修独处的时间。我跟两个儿子都喜欢骑着滑板车去探险。我们去过很多地方，有的地方需要骑几个小时才能到。

“还没有想好呢，”我累得上气不接下气，大口地呼吸，“不过我很快就会做决定，我们回家吧！”我们正在上坡，连爱运动的马修都出了一身汗，喘着粗气。我们都累了，天也开始热起来，所以我们就回家了。

我的生日在5月，还有很长时间，但是马修已经问了我很多次想要什么礼物，我猜他是想提前准备。自从马修开始干各种活儿挣钱、攒钱，他就常常在特殊日子给我买礼物。

对我们家的三位男士来说，5月是最忙碌的一个月。因为5月有母亲节、我和汤姆斯的结婚纪念日，以及我的生日。他们都知道，这三个日子要分别用不同的方式庆祝，因为我喜欢美好的惊喜！

几年前，8岁的马修存了100多美元。他说：“妈妈，我可以给你买任何东西作为你的圣诞节礼物，只要不超过100美元。你好好想想，要一个好东西，不要担心钱哦！好吗？”

世界上有多少妈妈有机会听到上小学的儿子说这样的话呢？我就听到啦！

那一年，马修在我最喜欢的一家店给我买了两件上衣和一对漂亮的蓝色耳环。买完礼物之后，他还剩了点钱，所以他决定请我和从韩国来的表弟喝下午茶。我们去了农夫市场。在那里，他给我们买了咖啡和美味的甜点。第二年，他给我买了我最爱的红色滑板车。“妈妈喜欢骑我们的滑板车，但是她摔了好几次。”马修给爸爸解释道，“妈妈的背都摔伤了，所以我想给她买个大人用的滑板车，这样妈妈骑着就舒服了。所以我买了小红车送给妈妈。”

今年生日要什么礼物呢？我花了很长时间思考，之后才写出 2015 年的生日愿望清单。我想到了三件想要的东西：日记本、电子相框、口琴。于是我写下来，贴到了冰箱上。

“太棒啦！妈妈！”马修看到冰箱上的清单就喊，“等我做完作业，我们一起去商场看看你最喜欢哪一个吧？噢！我们也可以去购物网站看看，比比价格！”

“好啊！”我说。那天晚上，马修说到做到，做完作业就来到我的房间，我们在网上看了很多不同的电子相框和口琴。马修告诉我，他能在我生日之前存够钱，然后买我最喜欢的两样东西给我。他真的做到了！他给我买了电子相框和口琴做生日礼物！

“未来属于有梦想，并且相信梦想可以带来美好的人。”埃莉诺·罗斯福曾这样说。我想加一句：“未来也属于爱分享，并且相信分享可以带来美好的人。”

杰森和马修已经学会把自己的财富分享给他人。从他们彼此分享开始，然后是跟爸爸、妈妈分享，之后是与家里其他人分享，最后是跟学校里的朋友和社区里的伙伴分享。我相信这是分享中真正的美好所在。

我们是本地教会的成员。通常，我和汤姆斯会拿出收入的一部分交什一税，两个儿子长大一点后，我们就教他们也交什一税。那个时候他们还太小，不明白交什一税的重要性。每次让他们往什一税的盘子里放钱，他们就问为什么把钱给了别人。我们就解释，这些钱是给教堂做善事用的。

随着孩子们慢慢长大，以及我们对他们的财商教育的不断深入，我认为让他们懂得给予别人的深层含义是非常重要的。他们见过我们在教堂例行捐款，见过爸爸对乞讨的年轻孕妇慷慨解囊，也见过我们通过给予别人所感受到的给别人带来快乐的幸福。

有一次我问杰森和马修（当时他们正上二三年级吧），如果他们有一百万，想做什么。

杰森回答："我会给教堂一大笔钱，支持他们向更多人传道。"

马修说："我会向慈善组织捐一大笔钱，用来帮助第三世界国家。我想让那里的孩子有饭吃，有玩具玩。"

我在心里祈祷：这两个慷慨的男孩要不断成长，长成上帝想要他们成为的样子。将来，他们会通过分享自己的财富，影响别人的人生。

四年级的实地考察

9 岁的时候，杰森和马修干活更努力，赚的钱也更多了。同时，他们的财商也得到了大幅提升，让他们有能力开始创造性地思考。

从幼儿园开始，杰森和马修就喜欢和班上的小朋友一起参加学校组织的实地考察。学校组织的实地考察给他们机会开阔眼界，体验校园之外更大的世界，同时他们也可以和小伙伴们度过一段快乐的时光。

他们四年级的实地考察地点是加利福尼亚州橘子郡的尔湾铁路公园。老师向每个学生收取 20 美元的费用。临近出行的时候，老师说班上有 34 个同学，30 个人需要付钱，但是只有 28 个同学付了钱，出行的钱还不够。

因为有些同学付不起出行的费用，不能跟大家一起去，杰森和马修都很难过。而且由于资金不足，这次实地考察可能会被取消。

"我们班有些同学家里穷，付不起钱，但是每个人都想去，”那天晚餐的时候，他们告诉我和汤姆斯，“我们想帮助那些同学，让全班一起去实地考察。”说完之后，他们就跟朋友韦斯利讨论。最后，三个人想出了创立实地考察基金的办法。

开始写这一章的时候，我请他们回忆当时创立实地考察基金和第一次募集资金的情形。下面是他们回忆的内容。

有一天下午，杰森、马修和韦斯利一起去附近的邻居家，动员邻居们为这件有意义的事募捐。

“那是很平常的一天，我们挑了大家都在家的时间去募捐。”杰森和马修一起解释，声音里充满了兴奋，“我们的目标是募捐 70 美元，所以我们先去了韦斯利的奶奶家，我们都知道奶奶人特别好。”韦斯利的奶奶对杰森和马修特别好，他们去找韦斯利玩的时候，奶奶经常给他们冰激凌和零食吃。“奶奶毫不犹豫地给了我们 20 美元！”杰森和马修说。

这样的开始让人充满信心，让他们有动力继续一下午的募捐。他们骑着滑板车，在社区里寻找愿意为他们的“伟大事业”募捐的人。虽然遭遇了几次拒绝，但他们并没有灰心。最后，他们敲开了一对夫妇的门，这对夫妇非常友善，也想帮助他们。

“他们想看相关的文件，来确认这次募捐是为了学校的项目，而不是小孩子想要钱去买酒或是做不好的事情。”马修说。讲到他们骑着滑板车返回韦斯利的奶奶家，拿回不小心落在那里的实地考察表这一段时，两个孩子都哈哈大笑。

“我们都累了，路又那么远。但是我们还是返回去拿了文件，又去那对夫妇家拿钱。”想到那个漫长的下午，那段经历，两个孩子都松了一口气。

确定三个孩子是在为学校项目筹款后，那对夫妇慷慨解囊，募捐了 40 美元。孩子们的付出获得了丰厚的回报！后来，又有一个好心人捐了 10 美元。等他们筹集到 70 美元的时候，天已经黑了，所以他们结束募捐，带着 70 美元回了家。三个孩子实现了目标！为了表示对他们这次努力的支持，我跟汤姆斯也给了他们 20 美元。

第二天，他们把募捐到的钱都带到学校交给老师。老师特别吃惊，用这笔意料之外的基金帮几个经济困难的孩子付了实地考察的费用和一些相关的支出，然后把剩下的 32 美元还给了他们。

而他们对这 32 美元的安排给这个美好的故事画上了一个完美的句号——他们把钱捐给了“跳绳练心脏”活动。这是美国心脏协会和美国健康、体育教育、休闲与舞蹈联合会共同发起的活动。

他们完全可以把多出来的钱花在自己身上，但是他们没有那么做。为什么呢？“与其把钱浪费在我们身上，不如用它去帮助比我们更需要钱的人”。这是杰森给我的解释。

他们做的事，不像超级英雄系列电影般轰轰烈烈——能力超群的英雄人物拯救世界于灾难之中，而更像是海星的故事般温暖感动——一个年轻人走在沙滩上，把干在沙滩上的海星一只只捡起，用力把它们丢回大海。

通过募捐实地考察基金，三个四年级的男孩对几个同学的人生产生了一点点影响，而这种影响可能会伴随这几个同学一生。跟我们做过的大多数好事一样，我们永远都不会知道，如果没机会参加实地考察，那几个同学的人生会有什么不同。

我之所以讲这个故事，是因为它展示了杰森和马修在以下几个方面的成长。首先，这个故事说明杰森和马修学到，我们都有能力帮助彼此。他们在教堂、商店，在银行经理的慷慨中，在老师对待学生的耐心和温柔中，学会了帮助别人。其次，他们懂得了如果我们拥有足够多，那就可以分享给那些需要的人。最后，他们学会通过团队合作达到更高的目标。

良好的合作是思想、行动和心的融合。离开了心的部分，合作只能产生形式上的结果。而用心合作，则会释放更多的创造力。不过，在交付真心之前，我们要先学会 FLY（First Love Yourself）——先爱我们自己。如果我们不爱自己，就无法爱别人。先爱自己，才能爱别人，那样的话，一切都完美了——这一点是杰森用非常诗意的方法告诉我的。

“妈妈，”杰森突然问我，“你知道怎样使每件事都完美吗?”杰森问我这个问题的时候我们正打算出门去公园玩。那年，他才 4 岁。

“你说什么?”我被他问得有点摸不着头脑，所以问道。

“是爱，妈妈。妈妈爱我的时候，我就是完美的。我爱妈妈的时候，妈妈就是完美的。爱让一切变得完美。”

我惊讶地看着他纯净、深褐色的眼睛。“你说得对，杰森。”我说，轻轻拍了拍他的前额，眼睛里充满了泪水。

爱是一切的答案，也是我们需要的一切。爱尔兰传教士贾艾梅女士曾说：“你可以不因爱而给予，但如果你不给予，你就无法爱。”哪里有爱，哪里就有因给予和分享而存在的生命。因为给予和分享，爱得以永续。

> 我们不能满足于捐钱。只有钱是不够的，给钱容易，但是他们需要你用心去爱他们。所以，散播爱吧，无论你走到哪里！
>
> ——特蕾莎修女

> 找寻你身上的闪光点，这样你就可以用你独特的方式去照亮世界。
>
> ——欧普拉·温弗瑞

图 7－1　杰森和马修以及他们给我买的咖啡

注：在洛杉矶的农夫市场，杰森和马修第一次用自己的钱给我买了咖啡。

图 7－2　我和小红车

图 7－3　杰森和马修以及他们的滑板车

贴心提示

学会对别人慷慨，其实是送给自己的礼物。让孩子知道，对他人的付出和给予有很多种方式，比如送个小礼物或是帮别人一点小忙。

结　语

教育孩子，不管教育的内容是什么，都是传递爱的一种形式。教会孩子理财，是对孩子未来进行爱的投资。这就是本书所要传递的理念。

通过培养孩子养成书中讲到的七个习惯，你已经让孩子走在了同龄人的前面。等到孩子十几岁的时候，就可以向前迈一步，直接进行更加复杂的财富管理学习了。你可以使用第五章中列出的网站，也可以访问我的网站（https：//moneymasterkids. co），给孩子下载有价值的财富管理工具。在孩子的成长过程中，如果遇到更复杂的财务问题，你也可以在这些网站上找到答案。

我希望所有的孩子都有机会学习理财知识与技能，成为自己人生的财富管家，而不会变成败家小怪物。

在本书的第一部分，我们讨论了如果孩子没有机会学习个人财务管理知识，就有可能陷入贫困，一生都在为生存而挣扎。即便是有钱人家的孩子，也可能不幸碰上不花时间陪孩子、只懂得一味用钱来维系跟孩子关系的父母。不管是因为什么原因，这些孩子长大之后都可能变成败家小怪物，或是陷入贫穷，每日挣扎，或是养成挥霍的习惯，终日沉溺于各种自我毁灭的恶习。如果你的孩子通过本书学到个人财务管理知识，他们就会成为财富小管家。会利用学到的知识创造幸福，无忧无虑地生活。下面我们总结一下孩子应该已经学会，或者正在培养的个人财务管理习惯：

☆ 他理解健康的财富理念带来健康的财富状况（第一章）

☆ 他知道财富积累是个人努力的结果（第一章）

☆ 他懂得存钱，先放进存钱罐，然后存入可以产生利息的账户，之后投入具有更高升值潜力的投资账户（第二章）

☆ 他学习基础的银行业务办理，感觉自己有 100 万美元存在银行（第二章）

☆ 他用劳动所得的一小部分奖励自己，买自己想要的东西（第三章）

☆ 他早晨起床时态度积极，可以自己整理内务、洗漱、吃早餐，并获得奖励（第三章）

☆ 他学会时间管理，学会自律，同时培养良好的阅读和写作能力（第三章）

☆ 他懂得获得成功的方式是——设定高目标，然后达成目标（第四章）

☆ 他学会自律，学会追踪进度，得到更多奖励和认可（第四章）

☆ 他懂得美国的货币系统，可以利用对货币系统的理解帮助自己，帮助他人（第五章）

☆ 他知道从哪个网站找到个人理财的学习资源（第五章）

☆ 他理解隐藏成本也是生活的一部分，懂得如何找出隐藏成本，购物之前算好总价格（第六章）

☆ 他知道帮助别人的感觉很好（第七章）

☆ 他知道钱是生活的重要部分，但不是生活的全部。生活是为了享受生活、享受爱和与人分享（第七章）

从小学习个人财务管理知识的孩子，往往比同龄人更成功。如果我们能传播这样的理念，教授这样的技能，这个世界上就会少一些贫穷，多一些幸福。让我们一起引领孩子走上学习财务管理知识，获得安全和独立的财富自由之路，一起给孩子良好的教育，培养孩子的自信心，让孩子有能力做出明智的决定，一起创造一个财富小管家的世界！

附　录

励志名言 100 句				
今日 名言	日期/ 签名	日期/ 签名	日期/ 签名	日期/ 签名
凡事全力以赴。今日播种，明日收获。				
梦想要够大。小梦想不足以撼动人心。				
改变世界，从改变自己开始。				
直面问题，然后像解决早餐一样解决问题。				
从必要的事情着手，然后做可能做到的事情。终有一天，你会发现自己正在做原以为做不到的事情。				
每周检视 & 得分：				
所谓成功，就是慢慢将理想变成现实的过程。				
只有想不到，没有做不到。				
未来属于坚信梦想之美的人。				
做事失败，不等于做人失败。昨天已在昨夜结束。				
你的每日所想决定你的未来。(10)				
每周检视 & 得分：				

续表

励志名言100句				
今日名言	日期/签名	日期/签名	日期/签名	日期/签名
需求是发明之母。				
不要简单评估你收获多寡，而要回看你种下什么。				
人没有想象，如同鸟儿没有翅膀。				
想象力是人预知美好未来的能力。				
逻辑带你从A到B，想象力带你驰骋千里。				
每周检视&得分：				
没有想象力的人生，才需要现实支撑。				
在生活中保持成长。				
不经历苦难，难以增长勇气。				
种瓜得瓜，种豆得豆。				
成而荣之，败而习之。(20)				
每周检视&得分：				

续表

励志名言100句				
今日名言	日期/签名	日期/签名	日期/签名	日期/签名
提问是增长知识的开始。知识浩瀚如海洋。用勺子无法探索知识的海洋。				
洞察力是由信念形成的觉知能力。				
想法只有付诸行动才能创造价值。				
吃得苦中苦，方为人上人；要想人前显贵，必须人后受罪。				
行动力是一种优良品质。				
每周检视 & 得分：				
静水流深。				
当局者迷，旁观者清。				
永远不要放弃。所有的结局都不过是新的开始。				
痛苦，是软弱离开你的身体时你的感觉。				
不要放弃。熬过眼下的艰辛，之后你就可以带着冠军的荣耀度过一生。(30)				
每周检视 & 得分：				

续表

励志名言 100 句				
今日 名言	日期/ 签名	日期/ 签名	日期/ 签名	日期/ 签名
美好的一天与糟糕的一天的唯一区别是：你的态度。				
一日不顺不等于一生不顺。				
不要轻易与人争执。有时和睦重于对错。				
以必胜的姿态开始行动。				
如果你不断重读人生的上一章，就永远无法翻开人生的下一章。				
每周检视 & 得分：				
生活就像摄影，你要使底片显影才行。				
能够困住你的，只有你自己筑起的高墙。				
穿越恐惧，你想要的一切，在另一边等你。				
成功是一种能力，一种在一次次失败中保持热情的能力。				
冠军，就是那个在竞争中拒绝放弃的人。(40)				
每周检视 & 得分：				

续表

励志名言 100 句				
今日 名言	日期/ 签名	日期/ 签名	日期/ 签名	日期/ 签名
赶走黑暗的不是黑暗，而是光明；赶走仇恨的不是仇恨，而是爱。				
做事不择手段，只能一败涂地。				
如果机会没有来敲门，装扇门等它敲。				
不要祈祷上帝赐予你轻松的生活。祈祷上帝赐予你承受艰难生活的力量。				
比失明更糟糕的是：看得见却没有远见。				
每周检视 & 得分：				
想要一飞冲天，你必须先学会飞，学会爱自己。				
伟大的人不是天生伟大，是成长让他们变得伟大。				
善良是一种语言，一种聋人听得见、盲人看得见的语言。				
我们可以抱怨玫瑰上有刺，也可以欢喜刺上长出玫瑰。				
我不知道未来我有什么，但是我知道做什么才有未来。(50)				
每周检视 & 得分：				

续表

励志名言 100 句				
今日 名言	日期/ 签名	日期/ 签名	日期/ 签名	日期/ 签名
你本优秀，何必将就?				
心存怨恨就像是自己喝下毒药，却希望毒死别人。				
朋友就是知道你所有的缺点还依然爱你的人。				
想要无可取代，必须卓尔不群。				
最终打倒你的不是你面前的高山，而是你鞋子里的小石头。				
每周检视 & 得分:				

续表

励志名言100句				
今日 名言	日期/ 签名	日期/ 签名	日期/ 签名	日期/ 签名
你不能阻止海浪，但你可以学会冲浪。				
上智论道，中智论事，下智论人。				
相由心生。				
压力来自贪念。				
没有勇气冒险的人将一事无成。(60)				
每周检视 & 得分：				
凡有追求，必有得到；只要寻找，就能找到；抬手敲门，门就会开。				
我梦见我的画，然后我画出我的梦。				
像没有人在注视你那样地跳舞；像你不曾被伤害过那样去爱；像没有人在听那样歌唱；像在人间天堂那样生活。				
做好你自己，因为别人已经有人做了。				
你不同意，没人能强迫你低人一等。				
每周检视 & 得分：				

续表

励志名言 100 句				
今日 名言	日期/ 签名	日期/ 签名	日期/ 签名	日期/ 签名
每天都要在积极的思考中结束。				
即使是最黑的夜，也会过去，太阳终将升起。				
不管局面多糟糕，明天都有机会扭转。				
我们所见并非事物本身，而是我们自身的投射。				
你的梦想变得不可能的唯一地方是在你的想法里。(70)				
每周检视 & 得分:				

续表

励志名言 100 句				
今日 名言	日期/ 签名	日期/ 签名	日期/ 签名	日期/ 签名
放弃是人类最大的弱点。				
最有把握的成功方法是失败之后再试一次。				
我这一生担心过很多事，然而大多数都没有发生。				
过去无力掌控现在。				
不管在什么情况下，提醒自己：我还有选择。				
每周检视 & 得分：				
保持成长，你就会不断突破舒适区。				
绊脚石和垫脚石的唯一区别是你怎么使用它们。				
在变得容易之前，所有事都很困难。				
成功就是跌倒九次，爬起来十次。				
幸福，和不幸一样，都是你主观的选择。(80)				
每周检视 & 得分：				

续表

励志名言100句				
今日 名言	日期/ 签名	日期/ 签名	日期/ 签名	日期/ 签名
玉不琢，不成器。成功的一部分是压力。				
当生活逼迫你屈膝下跪时，就是你祈祷的最佳时机。				
不能改变环境，那就直面挑战，改变自己。				
做你害怕做的事是提升自信的最佳方法。				
获得自信最好的方法就是做不敢做的事。				
你无法定制生活，却可以定制面对生活的态度。				
每周检视&得分：				

续表

励志名言 100 句				
今日 名言	日期/ 签名	日期/ 签名	日期/ 签名	日期/ 签名
痛苦无法选择。如何对待痛苦可以选择。				
史上最伟大的发现是：一个人只要改变态度，就能改变他的未来。				
没有什么能真正阻止你，没有什么能真正阻碍你。你的意愿永远在你的掌控之中。				
用微笑迎接每一个早晨。把每一天都看作造物主为你特制的礼物。				
今日不会重现。不要以错误的方式开始今天，更不要虚度今天。(90)				
每周检视 & 得分：				
很多时候，你会迷失自己，但很多时候，你在迷失中找到自己，重新认识自己。				
只要你相信，一切皆有可能。				
你若不相信自己，就不要期望别人相信你。				
未经实践的想法一文不值。它们只是一个乘数。行动价值连城。				
信念就是舍身试水。				
每周检视 & 得分：				

续表

励志名言 100 句				
今日名言	日期/签名	日期/签名	日期/签名	日期/签名
诚实就是用事实说话。				
所谓失望，便是期望与现实之间的差距。				
你是一个未被发现的天才。一定要在有生之年施展你的才华。				
我们摆脱恐惧的同时，也解放了别人。				
最恐惧的事莫过于能力超越了界限。（100）				
每周检视 & 得分：				

100 Inspiring Quotes				
Quote for the Day	**Date/ Sign**	**Date/ Sign**	**Date/ Sign**	**Date/ Sign**
Always do your best. What you plant now, you will harvest later.				
Dream no small dreams for they have no power to move the hearts of men.				
Be the change that you wish to see in the world.				
Expect problems and eat them for breakfast.				
Start by doing what's necessary, then do what is possible, and suddenly you are doing the impossible.				
Weekly Review & Credit:				
Success is a progressive realization of worthy ideal.				
Whatever the mind can conceive and believe, it can achieve.				
Future belongs to those who believe in the beauty of their dreams.				
Failure is an event, not a person. Yesterday ended last night.				
You become what you think about. (10)				
Weekly Review & Credit:				

续表

100 Inspiring Quotes				
Quote for the Day	**Date/ Sign**	**Date/ Sign**	**Date/ Sign**	**Date/ Sign**
Necessity is the mother of invention.				
Don't judge by the harvest you reap but by the seeds that you plant.				
The man who has no imagination has no wings.				
Imagination is your preview of life's coming attractions.				
Logic will get you from A to B. Imagination will take you everywhere.				
Weekly Review & Credit:				
Reality is for those who lack imagination.				
Don't go through life. Grow through life.				
You will never be brave if you don't get hurt.				
You reap what you sow.				
Sometimes you win, sometimes you learn. (20)				
Weekly Review & Credit:				

续表

100 Inspiring Quotes				
Quote for the Day	**Date/ Sign**	**Date/ Sign**	**Date/ Sign**	**Date/ Sign**
Asking is the beginning of receiving. Receiving is like an ocean. Don't go there with a spoon.				
Perception is awareness shaped by belief.				
Ideas are worthless unless we act on it.				
If you do what is easy, your life will be hard. If you do what is hard, your life will be easy.				
Action is character.				
Weekly Review & Credit:				
Still waters run deep.				
You can't see the picture if you are in the frame.				
Never give up. There is no such thing as an ending. Just a new beginning.				
Pain is weakness leaving the body.				
Don't quit. Suffer now and live the rest of your life as a champion. (30)				
Weekly Review & Credit:				

续表

100 Inspiring Quotes				
Quote for the Day	**Date/ Sign**	**Date/ Sign**	**Date/ Sign**	**Date/ Sign**
The only difference between a good day and a bad day is your attitude.				
Just because you have a bad day doesn't mean that you have a bad life.				
Be selective in your battles. Sometimes peace is better than being right.				
Act as though it is impossible to fail.				
You can't start the next chapter of your life if you keep re-reading the last one.				
Weekly Review & Credit:				
Life is like photography we develop from the negatives.				
You are confined only by the walls you build yourself.				
Everything you want is on the other side of fear				
Success is the ability to go from one failure to another with no loss of enthusiasm.				
Every champion was once a contender that refused to give up. (40)				
Weekly Review & Credit:				

续表

100 Inspiring Quotes				
Quote for the Day	**Date/ Sign**	**Date/ Sign**	**Date/ Sign**	**Date/ Sign**
Darkness cannot drive out darkness: only light can do that. Hate cannot drive out hate: only love can do that.				
We got what it takes, but it will take everything we've got.				
If opportunity doesn't knock, build a door.				
Do not pray for an easy life. Pray for the strength to endure a difficult one.				
The only thing worse than being blind is having sight and no vision.				
Weekly Review & Credit:				
If you want to soar in life, you must first learn to fly, first love yourself.				
Great men are not born great. They grow great.				
Kindness is a language that the deaf can hear and the blind can see.				
We can complain because rose bushes have thorns, or rejoice because thorn bushes have roses.				
I don't know what my future holds, but I do know who holds my future. (50)				
Weekly Review & Credit:				

续表

100 Inspiring Quotes				
Quote for the Day	**Date/ Sign**	**Date/ Sign**	**Date/ Sign**	**Date/ Sign**
Why fit in when you were born to standout?				
Holding on to anger is like drinking poison and expecting the other person to die.				
A friend is someone who knows all about you and still loves you.				
In order to be irreplaceable, one must always be different.				
It isn't the mountains ahead to climb that wear you down. It's the pebble in your shoe.				
Weekly Review & Credit:				

续表

100 Inspiring Quotes				
Quote for the Day	Date/ Sign	Date/ Sign	Date/ Sign	Date/ Sign
You can't stop the waves, but you can learn to surf.				
Great mind discuss ideas; average minds discuss events; small minds discuss people.				
As a man thinks in his heart, so is he.				
Stress is caused by being "here" but wanting to be "there".				
He who is not courageous enough to take risks will accomplish nothing in life. (60)				
Weekly Review & Credit:				
Ask and it will be given to you; Seek and you will find; Knock and the door will be opened to you.				
I dream my painting, and then I paint my dream.				
You've gotta dance like there's nobody watching. Love like you'll never be hurt. Sing like there's nobody listening. And live like it's heaven on earth.				
Be yourself; everybody else is already taken.				
No one can make you feel inferior without your consent.				
Weekly Review & Credit:				

续表

100 Inspiring Quotes				
Quote for the Day	Date/ Sign	Date/ Sign	Date/ Sign	Date/ Sign
Always end the day with a positive thought.				
Even the darkest night will end and the sun will rise.				
No matter how hard the things were, tomorrow is a fresh opportunity to make it better.				
We don't see things as they are, we see them as we are.				
The only place where your dream becomes impossible is in your own thinking. (70)				
Weekly Review & Credit:				

续表

100 Inspiring Quotes				
Quote for the Day	Date/ Sign	Date/ Sign	Date/ Sign	Date/ Sign
Our greatest weakness lies in giving up.				
The most certain way to succeed is always to try just one more time.				
I' ve had a lot of worries in my life, most of which never happened.				
The past has no power over the present moment.				
No matter what the situation, remind yourself "I have a choice".				
Weekly Review & Credit:				
If we' re growing, we' re always going to be out of our comfort zone.				
The difference between stumbling blocks and stepping stones is how you use them.				
All things are difficult before they are easy.				
Success is falling nine times and getting up ten.				
Happiness, like unhappiness, is a proactive choice. (80)				
Weekly Review & Credit:				

续表

100 Inspiring Quotes				
Quote for the Day	**Date/ Sign**	**Date/ Sign**	**Date/ Sign**	**Date/ Sign**
Remember no pressure, no diamonds. Pressure is a part of success.				
When the world pushes you to your knees, you're in the perfect position to pray.				
When we are no longer able to change a situation, we are challenged to change ourselves.				
The best way to gain self-confidence is to do what you are afraid to do.				
You cannot tailor-make the situations in life but you can tailor-make the attitudes to fit those situations.				
Weekly Review & Credit:				

续表

100 Inspiring Quotes				
Quote for the Day	**Date/Sign**	**Date/Sign**	**Date/Sign**	**Date/Sign**
Pain is a fact; our evaluation of it is a choice.				
The greatest discovery of all time is that a person can change his future by merely changing his attitude.				
Nothing truly stops you. Nothing truly holds you back. For your own will is always within your control.				
Welcome every morning with a smile. Look on the new day as another special gift from your Creator.				
Today will never happen again. Don't waste it with a false start or no start at all. (90)				
Weekly Review & Credit:				
Sometimes you find yourself in the middle of nowhere, and sometimes in the middle of nowhere, you find yourself.				
All things are possible to him who believes.				
If you don't believe in yourself, don't expect others to believe in you.				
Ideas are worthless unless executed. They are just a multiplier. Execution is worth millions.				

续表

100 Inspiring Quotes				
Quote for the Day	**Date/ Sign**	**Date/ Sign**	**Date/ Sign**	**Date/ Sign**
Faith is putting both legs in the water.				
Weekly Review & Credit:				
Honesty is making your words conform to reality.				
Disappointment is a gap between expectation and reality.				
You are a true gift unwrapped. Open it during your lifetime.				
As we are liberated from our own fear, our presence automatically liberates others.				
Our deepest fear is that we are powerful beyond measure. (100)				
Weekly Review & Credit: